谁控制了海洋，谁就控制了世界。

——古罗马哲学家、政治家西塞罗
（公元前106—前43）

Academic Pedigree of Unmanned
Underwater Vehicle Experts

The Growth Process of the HaiRen Spirit

水下机器人
专家学术谱系

"海人"精神的成长历程

梁 波 李 硕◎主编

科学出版社

北 京

内 容 简 介

本书以中国水下机器人的研制历程为主要脉络，着重描述中国水下机器人专家学术谱系的构建，以史为鉴，总结历史经验和技术传承，弘扬"求真务实、甘于奉献、凝心聚力、敢为人先"的"海人"精神，将水下机器人学科的发展历史呈现给广大读者，为水下机器人知识的普及和学术传承贡献一份力量。

本书是中国水下机器人事业发展的珍贵史料，可供从事水下机器人研究与开发的专业技术人员阅读，亦可供海洋科学技术与工程领域的高校师生，以及科学普及和科学传播工作者参考。

图书在版编目（CIP）数据

水下机器人专家学术谱系："海人"精神的成长历程/梁波，李硕主编. —北京：科学出版社，2022.9
　ISBN 978-7-03-072954-5

Ⅰ.①水… Ⅱ.①梁…②李… Ⅲ.①水下作业机器人–研究 Ⅳ.①TP242.2

中国版本图书馆 CIP 数据核字（2022）第 154949 号

责任编辑：邹　聪　陈晶晶／责任校对：韩　杨
责任印制：师艳茹／封面设计：有道文化

科 学 出 版 社 出版
北京东黄城根北街 16 号
邮政编码：100717
http://www.sciencep.com
北京九天鸿程印刷有限责任公司 印刷
科学出版社发行　各地新华书店经销
*
2022 年 9 月第 一 版　开本：720×1000 1/16
2022 年 9 月第一次印刷　印张：17 1/4　插页：1
字数：260 000
定价：168.00 元
（如有印装质量问题，我社负责调换）

编　委　会

历史顾问：封锡盛

主　　编：梁　波　李　硕

编　　委：梁　波　李　硕　赵宏宇

　　　　　王　楠　汪海林

谨以此书

献给蒋新松、封锡盛等

中国水下机器人事业的开拓者！

序言

　　水下机器人是人类认识海洋、开发海洋不可缺少的重要工具之一，亦是我国开展海洋科学研究、勘查深海资源和保障海洋安全所必需的一种高技术手段。世界水下机器人发展的历史大约有70年，经历了从载人到无人，从遥控到自主的阶段，未来还将进入智能化、集群化发展阶段。水下机器人作为深海装备的"明珠"，必将在我国海洋强国建设中发挥更大的作用。

　　20世纪70年代末期，我国开始着手水下机器人的研制工作。40多年来，为了使我国的水下机器人技术早日跻身国际先进行列，以中国科学院沈阳自动化研究所（简称沈阳自动化所）为代表的研发团队不断努力推进中国水下机器人事业的发展，其研究开发的过程也可以从一个侧面反映我国水下机器人事业的发展历程。

　　我在沈阳自动化所已经工作了近50年，全程参与了我国重要水下机器人项目的研制工作，从20世纪80年代我国第一台水下机器人——"海人一号"遥控水下机器人成功研制，到2020年"海斗一号"自主遥控水下机器人完成万米海试，经过短短几十年的努力，我国水下机器人整体技术达到了国际先进水平。我是中国水下机器人发展的亲历者和见证者，看着我们国家的水下机器人事业不断发展壮大，从事水下机器人研制工作的单位、团队和科技工作者越来越多，越来越优秀，在此深感欣慰。

　　中国水下机器人事业的蓬勃发展，离不开几代科研工作者长期不懈的努力、奋斗和拼搏。可以说，成功的道路从不平坦，获得的经验教训颇深，感人事迹也不胜枚举。多年来，我一直有个心愿，想回顾水下机器人的研制历程，深度挖掘学术学科人才成长规律，探寻、凝练、激发科研工作者们的精神力量。前些年，我以自身体会，对"海人"文化和"海人"精神加以浅析。在中国科学技术协会的支持下，梁波研究员等承担了 2020 年度学风建设资助计划项目"水下机器人"，我非常有幸以顾问的身份参与其中。项目团队通过综合调研、文献查阅、专家座谈、会议研讨、知识图谱分析等多种方法，对水下机器人技术学术谱系进行研究，凝练水下机器人领域科技人物知识图谱，达成学术群体认同、构建学术传统，以具体、生动、形象的事例，展现科学家精神、弘扬创新文化。为了更好地传播"海人"文化和传承"海人"精神，项目团队将研究成果撰文成书。

　　本书以沈阳自动化所水下机器人的研制历程为主要脉络，着重描述水下机器人专家学术谱系的构建，以史为鉴总结历史经验和技术传承，弘扬"求真务实、甘于奉献、凝心聚力、敢为人先"的"海人"精神，将水下机器人学科的历史与传承呈现给广大读者，为水下机器人的知识传播和精神传承贡献一份力量。

中国工程院院士　封锡盛

2021 年 9 月 28 日

主要
缩略语

技术用语

ARV Autonomous & Remotely Operated Vehicle 自主遥控水下机器人

AUG Autonomous Underwater Glider 自主水下滑翔机

AUV Autonomous Underwater Vehicle 自主水下机器人

HOV Human Occupied Vehicle 载人潜水器

ROV Remotely Operated Vehicle 遥控水下机器人

UMV Unmanned Marine Vehicle 海洋机器人

USV Unmanned Surface Vehicle 水面机器人

UUV Unmanned Underwater Vehicle 水下机器人

水下机器人型号

CI-STAR（或 TSP901）"海星"号自走式海缆埋设机

CR-01、CR-02 自治水下机器人

HR-01 "海人一号"

RECON-Ⅳ-SIA 国产化 300 米级遥控水下机器人

目 录

1 导言

2 水下机器人学科发展

5　历史经验与技术传承

6　弘扬"海人"精神

附录

编后记

图表
目录

1

导 言

2020年5月9日，中国自主研制的"海斗一号"自主遥控水下机器人在马里亚纳海沟成功实现万米下潜，最大下潜深度达10 907米，填补了我国万米级作业型无人潜水器的空白。11月10日，中国自主研制的"奋斗者"号全海深载人潜水器在西太平洋马里亚纳海沟成功下潜至10 909米，创造了中国载人深潜的新纪录，标志着我国深海工程装备研究步入了新阶段。

同年11月28日，习近平总书记在致"奋斗者"号全海深载人潜水器成功完成万米海试并胜利返航的贺信中指出：从"蛟龙"号、"深海勇士"号到今天的"奋斗者"号，你们以严谨科学的态度和自立自强的勇气，践行"严谨求实、团结协作、拼搏奉献、勇攀高峰"的中国载人深潜精神，为科技创新树立了典范[①]。这是对广大科技工作者的莫大鼓舞，其中也包括沈阳自动化所水下机器人研究团队，无论是"蛟龙""深海勇士""海斗一号"，还是"奋斗者"号，都能看到素有"海人"之称的沈阳自动化所水下机器人研究群体——求真务实、甘于奉献、凝心聚力、敢为人先的身影！

我国水下机器人学科经过40多年的发展，取得了长足的进步。不管是回望过去，还是展望未来，详细梳理和总结水下机器人研究群体的成才成长规律，探讨人才队伍的教育培养培训和学术学风传承，都具有十分重要的现实意义，对弘扬"海人"精神也将发挥重要的作用。

学术谱系研究是近年来正在快速兴起的一种研究人才成长和学科发展规律的重要方法。2010年，中国科学技术协会调研宣传部就启动了相关研究，先后在数学、物理、化学、天文学、生物学、光学、医学、药学、遗传学、农学、地理学、动物学、植物学等学科领域，开展了当代中国科学家学术谱系研究，已有多项研究成果相继出版[②]。21世纪初以来，我国学者开始开展学术谱系研究，目前已有方兴未艾之势。特别是在中国科学技术协会的支持下，对学术谱系的研究日益兴盛。

本书既是上述科学家学术谱系研究的继续，也是对前述研究的深化和

---

① 习近平致"奋斗者"号全海深载人潜水器成功完成万米海试并胜利返航的贺信. http://www. qstheory.cn/yaowen/2020-11/28/c_1126797402.htm[2021-12-28].

② 袁江洋，樊小龙，苏湛，等. 当代中国化学家学术谱系. 上海：上海交通大学出版社，2016：4.

拓展，既是从数理化天地生等一级学科向二级学科甚至三级学科的延伸，也是从自然科学的基础学科向工程技术领域的综合性、应用性领域的一种转向。

1.1 学术谱系概述

➤ 1.1.1 学术谱系的定义

20世纪30年代，学术谱系研究在美国兴起，首先是在物理和化学等基础科学研究领域开展了学术谱系的研究。此后，开始引起科学史家的关注[①]。

学术谱系尚无统一、公认的定义。袁江洋等认为，学术谱系特指以学术传承关系（以实质性的师承关系为主）关联在一起的、不同代际的科学家组成的、动态发展的、开放的学术群体；在深层意义上，学术谱系是学科学术共同体的重要组成单元，是各种各具特色的学术传统或亚学术传统的载体[②]。胡化凯等认为，科学家的学术谱系是学术家谱，反映了一个学科或学术群体中主要成员的学缘关系和传承关系[③]。王双等认为，学术谱系是基于学术传承关系关联起来的由学者组成的学术群体[④]。从以上几种定义可以看出，"学术群体""传承关系"是其中共有的关键词，就学科性质而言，学术谱系主要属于科学技术史和科学社会学的研究范畴。

---

① 佟艺辰，袁江洋. 科学家书写的学术谱系. 自然辩证法通讯，2020，42（1）：68.
② 袁江洋，樊小龙，苏湛，等. 当代中国化学家学术谱系. 上海：上海交通大学出版社，2016：7-8.
③ 胡化凯，丁兆君，陈崇斌，等. 当代中国物理学家学术谱系：以几个分支学科为例. 上海：上海交通大学出版社，2016：31.
④ 王双，赵筱媛，潘云涛，等. 学术谱系视角下的科技人才成长研究——以图灵奖人工智能领域获奖者为例. 情报学报，2018，37（12）：1232.

学术谱系是指在一定专业研究领域内的知识和技能的历代传承关系①，本书中的"专业研究领域"是指"水下机器人技术领域"，"知识"包括与自动化、机器人相关联的机械、电气、声学、材料、计算机等内容，"技能"指水下机器人的设计、制造、工艺、试验、验证、质量、保密等技术和能力。

教育，尤其是研究生教育为学术谱系的形成，提供了建制化的基础条件，师生关系是构建学术谱系的一个主要数据来源，但师生关系并非必然构成谱系上的联系或传承关系。一些非水下机器人领域的研究生走入水下机器人领域，而水下机器人领域的研究生毕业后转向工业机器人或人工智能等研究方向的也不少见。

学术带头人、领域方向领军人物等是学术谱系研究的源头和出发点。学术谱系中学术带头人和知名研究机构的学术声望，可以吸引和获取大量的研究经费和优秀的学术后备军，形成优势积累——马太效应，以推动科学和技术的进步。以蒋新松、封锡盛等为代表的沈阳自动化所水下机器人研究群体，有力地推动了我国水下机器人事业的发展，是中国水下机器人学科领域的一支重要力量。本书因时间和条件所限，尚未将中国水下机器人技术领域全部纳入研究视野。因沈阳自动化所在该领域的开创性、典型性和代表性，本书试图以沈阳自动化所为案例，系统梳理水下机器人专家学术谱系的形成与发展过程，总结其学术共同体的基本特征和学术传统，为中国水下机器人事业的长远发展提供参考和借鉴。

概括地说，学术谱系是指某一学术、技术领域在一定时期内形成的、较为稳定的、具有相同价值理念的学术共同体及其内部成员之间的相互关系。本书所谓的水下机器人专家学术谱系，是指以沈阳自动化所为代表的，以水下机器人技术开发和工程应用为主要目标和任务的研究群体及其内部成员之间的关系。

---

① 冯永康，田洺，杨海燕，等. 当代中国遗传学家学术谱系. 上海：上海交通大学出版社，2016：2.

➤ 1.1.2　学术谱系研究的意义

学术谱系是学术传统的重要表征和外化形式，表现了某种学术传统的起源、兴盛和未来走向。同一个学术谱系常常会形成共同的学术理念、价值原则、方法论原则、研究规范、行为准则，甚至会上升到"学术家规"，这也是学术传统继承和发扬的重要保证。例如，美国堪萨斯州立大学的心理学家约翰·罗伯逊（John Robertson）总结了美国心理学家冯特（Wilhelm Wundt）谱系八代学人一百余年间的学术传统，将其称为五条"学术家规"（academic family rule）：实证方法（be empirical）、反哺教育（be educational）、重视认知（be cognitive）、重视发展（be developmental）、奉献社会（be generous）[①]。开展学术谱系研究，能够揭示学术思想和学术传统的本质和内涵。

首先，"学术谱系能够反映学科的变迁，学术谱系的壮大往往是学科发展的体现"[②]。以沈阳自动化所水下机器人学科的发展为例，在1988年之前，先是隶属于"机器智能与机器人技术研究部"，水下机器人学科尚包含在"机器人"这个"大口袋"之内。从1988年开始成立"海洋机器人工程开发公司"，1990年设立"水下机器人技术开发部"，水下机器人成为独立的研究单元，但此时也只有十几个人而已。截至2020年底，沈阳自动化所水下机器人方向已拥有正式职工近300人（不含研究生）的专业化队伍，仅就学科队伍规模而言，40多年来已壮大了20倍以上。这种规模的研究团队不仅在中国，在世界也是屈指可数的水下机器人专业化研究团队。

其次，学术谱系研究有利于总结技术（学科）发展经验。某一技术领域的形成与发展具有连续性和继承性的特点，其经验积累需要一个长期的、缓慢的过程，通过时间的纵深和跨度才能找出其中具有规律性的东西。就水下机器人领域的技术进步来说，水下机器人下潜的深度和航行的距离就是两项

---

① 佟艺辰，袁江洋. 科学家书写的学术谱系. 自然辩证法通讯，2020，42（1）：74-75.
② 冯永康，田洺，杨海燕，等. 当代中国遗传学家学术谱系. 上海：上海交通大学出版社，2016：1.

非常重要的指标，以深度为例，从"海人一号"下潜深度只有200米到如今"海斗"号下潜深度过万米，由浅入深经过了一个漫长的发展过程，经历过一次又一次的技术突破和迭代升级，其中的艰辛，只有长期从事本领域研究的人才能够切身体会。通过水下机器人专家学术谱系研究，可以更好地总结成功的经验和失败的教训。

再次，学术谱系研究有利于学术共同体的学风作风涵养。工程技术研究是一个集体的事业，不是靠哪一个个人就能够成就的，工程项目的多学科性要求各领域、各单位的科技人员凝心聚力、密切合作，才能够最终实现工程技术目标。几乎每种海洋工程装备的开发，都需要几十家单位的共同协作，在"奋斗者"号全海深载人潜水器的研制过程中，仅中国科学院就有10余家单位参加了研制和海试工作，全部参研参试单位上百家、近千名科研人员，历经整整5年的时间。在一个大型工程项目的实施过程中，只有共同参与的学术共同体成员在内部达成广泛的共识，形成相同的价值理念，齐心协力，才能最终实现任务目标，其目标的实现过程，就是学术共同体学风作风的养成过程。

最后，学术谱系研究有利于人才培养和科学家精神的传承。通过学术谱系研究，挖掘和寻找人才成长中具有规律性的东西，对于学术共同体的长远发展十分重要；对于代表性科学家的思想、方法和理念的发掘，找出其精神内核进而加以传承，更有利于学术、技术领域的可持续发展。一般认为，水下机器人属于工程技术领域，其师承更多具有"师带徒"的特点。水下机器人现场试验周期长、条件艰苦，有时自然环境（海况）复杂多变，因此，这就对试验者在吃苦耐劳、无私奉献等方面提出了更高的要求，无疑对人的思想和精神境界也是一种历练和考验。在大力倡导和弘扬科学家精神的社会背景下，开展学术谱系研究，不但具有重大的现实意义，也具有重要的学术价值。

➤ 1.1.3　学术谱系研究的方法

通俗地讲，学术谱系就是反映师承关系的一种学术或技术家谱，但又不是一般意义上的"家谱",因为在学术、技术领域,其"亲缘"关系有时表现得又不甚明确,有时虽有"师生"之缘,但未必有学术或思想上的传承;有时虽无"师生"之名分,但可能也有学术或技术上的点拨或"知遇之恩",存在事实上的师徒之谊。学术谱系不仅是单纯师承关系的记录,更要反映出学术传统和思想方法的传承和延续。

因此我们认为,学术谱系的书写应依据两个思路:一是教育谱系上的传承,二是单纯的思想和技艺传承,这两种情况都可以称为"师承"关系。为清晰起见,我们将前一种教育谱系上的师承关系,简称为"师生"关系;而后一种情况虽无教育上的"师生"关系,但存在事实上的思想和技艺的传承,我们称之为"师徒"关系。因为"师徒"关系在界定上存在一定难度,所以我们在研究中主要以"师生"关系来构建水下机器人专家学术谱系。

就研究对象来说,学术谱系研究可以按学科、人物或机构来构建学术谱系,或对研究对象进行综合研究。本书主要以机构——沈阳自动化所、学科——水下机器人为线索进行展开,以历代具有代表性的水下机器人学科专家为主要切入点,综合运用社会调查方法(如访谈座谈、调查问卷等),并结合档案调查、历史分析等多种方法进行研究。

➤ 1.1.4 学术谱系研究的目的

大致说来,学术谱系研究的目的包括群体内部认同、构建学术传统、探究成才规律、推动学科发展等四个方面。

群体内部认同。学术谱系研究的首要目的是要实现学术共同体内部的认同,即"内部公认"。一个学术谱系如果不能够获得共同体内部大多数成员的认可,就是一个失败的学术谱系,或者说根本就不能够成为一个学术谱系。

构建学术传统。学术传统首先是在学术共同体内部自然、自发形成的,但"传统"的总结、提炼甚至升华,也需要所有共同体成员的积极参与和主动归纳,这样才能够获得内部共识并得以传承。

探究成才规律。科学社会学研究表明,在科学家成长过程中,"马太效应"是客观和普遍存在的，优秀的导师（师傅）往往更容易得到优秀的学生（徒弟），而优秀的学生（徒弟）也更容易在学术共同体中得到更为有利的成长条件并早日崭露头角。

推动学科发展。学术谱系是学科发展的外在表现，"枝繁叶茂"的学术谱系本身就表明了学科发展的势头和潜力，通过构建学术谱系，反过来也会增加学术共同体内部的自信和团结，推动学科的长远发展。

具体说来，本书的研究目的，就是要厘清沈阳自动化所水下机器人学科领域40年来的发展脉络，挖掘沈阳自动化所水下机器人学科发展中的工程技术思想，特别是代际特征、各时期代表人物以及代际的传承关系。以沈阳自动化所水下机器人研究群体为典型，探寻中国水下机器人领域历史发展的轨迹，总结历史经验，弘扬学术传统，弘扬"海人"精神。

1.2　工程技术学科学术谱系的特点

与数理化等自然科学领域的科学家学术谱系不同，水下机器人专家学术谱系是一种技术或工程专家学术谱系。

比较而言，在传统的自然科学领域，数理化天地生都有很严格的学术领域和学术脉络，其下的二级学科甚至三级学科的划分也非常清晰，这就为学术谱系的研究提供了非常明确的划分线索和标准。如化学家的学术谱系按二级学科就可区分为：无机化学、有机化学、物理化学、分析化学、高分子化学等[①]，但技术或工程专家学术谱系的划分就显得较为困难。

水下机器人是一种具有人的一部分或大部分功能，能够在海洋环境下代替人进行某种作业的自动控制装置[②]。作为一门历史并不算长的学科领域，水

---

① 袁江洋，樊小龙，苏湛，等. 当代中国化学家学术谱系. 上海：上海交通大学出版社，2016：前言 1.

② 蒋新松，封锡盛，王棣棠. 水下机器人. 沈阳：辽宁科学技术出版社，2000：35.

下机器人不是一种"单一技术",实际上是光、机、电、声等技术的集成,特别是机械和电子工程技术的集成,还包括计算机软件、光学(视觉)、传感器等方面。因此,水下机器人专家学术谱系主要是按时间序列、按各个时期的代表性成果及其专家的贡献加以构建的,这是与传统科学家学术谱系构建方法有所不同的地方。

与以研究性为主的科研机构不同,沈阳自动化所是以应用研究和工程技术开发为主的科研机构;与高等院校的学科导向不同,沈阳自动化所更注重以工程技术项目为核心的任务导向,因此,团队合作甚至胜于PI(Principle Investigator,首席科学家或学科、学术带头人)负责制的科研组织管理模式。常常是"一群导师"带"一帮学生",以"师徒"形式体现出的师承关系,甚至比以"师生"形式体现出的师承关系更为重要和直接。由于水下机器人作为工程技术项目研制的特点,其"团队"和"集体"意识极为重要,并不是简单的"一对一"式的培养和传承,而更加体现学术共同体"群体"传承的特征,许多第二代水下机器人专家将并不是自己"导师"的第一代专家认定为自己的"导师"(老师或师傅)。我们在对第一代和第二代"导师"(老师或师傅)的访谈过程中,经常会听到类似的声音,很少听到某某就是"我"的学生这类表述,反倒是非常担心如果过于强调师生关系,反而可能偏离了客观的实际情况,不利于学术传统的继承和发扬。

但我们也注意到,随着水下机器人领域专业化、细分化程度的提高以及知识传承方式的改变(研究生教育),这种"师生"关系的师承形式在逐步加强,而"师徒"关系的师承形式有所弱化。在教育领域(大学培养)更强调这种"师生"关系的传承形式;而在中国科学院(研究机构)这种体系内,许多以理论研究为主的研究所,也强调这种"师生"关系的传承形式。

此外,水下机器人领域专家培养出的学生,转行从事其他领域的科研工作,和非水下机器人领域的学者培养的学生转而从事水下机器人的研究,这两种情况都不鲜见。

2

水下机器人
学科发展

党的十八大报告明确提出："提高海洋资源开发能力，发展海洋经济，保护海洋生态环境，坚决维护国家海洋权益，建设海洋强国。"[①]习近平总书记在中国共产党第十九次全国代表大会上的报告中提出，"坚持陆海统筹，加快建设海洋强国"[②]。探索和认识海洋需要包括水下机器人在内的各种海洋技术装备，水下机器人一直为世界海洋强国所关注，研制和开发包括水下机器人在内的海洋技术装备是广大科技工作者义不容辞的历史责任。

地球表面积约5.1亿平方千米，其中海洋面积约3.61亿平方千米，占地球表面积的71%。海洋是人类生命的摇篮，也是地球上大部分生物的栖息地，人类每天获取的蛋白质中有20%来自海洋。今天，海洋是超过90%的商品、数据与信息交流的中转站；明天，更将如此。"那些极大改变了人类社会面貌的技术革新，大多都是在海上或是为航海而诞生的"[③]，水下机器人学科的发展也概莫能外。

2.1 水下机器人简介

水下机器人（Unmanned Underwater Vehicle，UUV）是一种可在水下移动、具有视觉和感知系统、通过遥控或自主操作的方式使用机械手包括其他工具，代替或辅助人去完成某些水下作业的装置[④]。近年来，世界各国越来越重视水下机器人的发展，其在海洋科学研究、海洋工程作业，以及国防领域得到了广泛应用。通常水下机器人可分为：自主水下机器人（Autonomous Underwater Vehicle，AUV）、遥控水下机器人（Remotely Operated Vehicle，

---

① 胡锦涛在中国共产党第十八次全国代表大会上的报告. http://cpc.people.com.cn/n/2012/1118/c64094-19612151-8.html[2022-04-18].

② 习近平在中国共产党第十九次全国代表大会上的报告. http://cpc.people.com.cn/n1/2017/1028/c64094-29613660-7.html[2021-10-28].

③ 雅克阿塔利. 海洋文明小史. 王存苗译. 北京：中信出版社，2020：X.

④ 封锡盛. 从有缆遥控水下机器人到自治水下机器人. 中国工程科学，2000（12）：29.

ROV）和自主遥控水下机器人（Autonomous & Remotely Operated Vehicle, ARV）。AUV自带能源自主航行，可执行大范围探测任务，但其作业时间、数据实时性、作业能力有限；ROV依靠脐带电缆提供动力，水下作业时间长，数据实时性和作业能力较强，但其作业范围有限；ARV是一种兼顾AUV和ROV的混合式水下机器人，它结合了AUV和ROV的优点，自带能源，通过光纤微缆实现数据实时传输，既可实现较大范围的探测，又可实现水下定点精细观测，还可以携带轻型作业工具完成轻型作业，是信息型AUV向作业型AUV发展过程中的新型水下机器人。[1]

海洋机器人（Unmanned Marine Vehicles, UMV）是人类认识海洋、开发海洋不可缺少的工具之一，亦是建设海洋强国、捍卫国家安全和实现可持续发展所必需的一种高技术手段。沈阳自动化所早期采用"海洋机器人"一词，直到20世纪80年代中后期，其开始在水库大坝等场景应用后才使用"水下机器人"一词，而且这种叫法目前更为普遍，但国内有些单位仍使用"海洋机器人"一词。海洋机器人在机器人学领域属于服务机器人类，包括水下机器人与水面机器人（Unmanned Surface Vehicles, USV）[2]。

本书一般使用"水下机器人"一词，个别使用"海洋机器人"时，若不特殊说明则与"水下机器人"意义相同。

此外，由于载人潜水器在技术和功能上与水下机器人有共性，有少数文献将其纳入水下机器人类。其实这两类机器人的主要差异在于操作模式，操作者在机器人体内称为载人潜水器，位于机器人体外（如母船上）通过电缆进行操作称为遥控水下机器人，用体内计算机代替操作者则称为自主水下机器人。

[1] 李硕，刘健，徐会希，等. 我国深海自主水下机器人的研究现状. 中国科学：信息科学，2018, 48（9）：1152-1164.
[2] 封锡盛，李一平. 海洋机器人30年. 科学通报，2013, 58（增刊Ⅱ）：2-7.

2.2 国外的水下机器人

人类抵近海洋内部进行观察，已有100多年的历史，由此推动了各种潜水器的发展。1884年，法国科学家密尔恩·爱德华教授第一次潜入了西西里岛附近的海域进行水下考察。1927年，苏联地质学家科列诺夫乘钟形潜水装置潜入45米水深观察和搜集土壤样品；20世纪30年代，苏联生物学者采用潜水装备对渔业区进行了科学观测。在此期间，意大利、法国和美国也都进行了水下考察，美国的威廉·比布还曾在百慕大群岛乘潜水球深潜到960米深处[①]。

1953年，美国研制出第一艘作业型水下机器人。20世纪五六十年代，由于水下机器人所涉及的新技术还不够成熟，电子设备故障率高、通信匹配、脐带电缆绞缠以及吊回收等问题没有很好解决，因此没有被市场广泛接受，发展缓慢。1966年，美国的CURV水下机器人在西班牙沿海将失落在868米深处的氢弹打捞上来后，水下机器人才受到广泛的重视[②]。1975年以后，由于海底石油与天然气的开发需求和电子技术的发展，国际上的水下机器人事业才显露出快速发展的苗头。但直到此时，这项工程技术在中国几乎还是一片空白[③]。

现代意义上的水下机器人的发展历史不超过70年，经过了从载人到无人，从直接操作、遥控、自主到混合的几个阶段。加拿大人麦克法兰认为，水下机器人的发展经历了四次革命：第一次革命出现在20世纪60年代，以潜水员潜水和载人潜水器的应用为主要标志；第二次革命出现在20世纪70

[①] 亚斯特列鲍夫，依格纳季耶夫，库拉科夫，等. 水下机器人. 关俏，刘佐猷，李秀云，等译. 北京：海洋出版社，1984：1.

[②] 蒋新松，封锡盛，王棣棠. 水下机器人. 沈阳：辽宁科学技术出版社，2000：17.

[③] 徐凤安，谈大龙. 2003年前"水下机器人工程项目"发展的历程. 中国科学院沈阳自动化研究所50年纪念册（内部资料）. 2008：76.

年代，以遥控水下机器人迅速发展成为一个产业为标志；第三次革命发生在20世纪90年代，以自主水下机器人走向成熟为标志；第四次革命发生在21世纪，进入了各种类型水下机器人混合的发展阶段[①]。我国的情况大致与国外相同，但所用的时间更短一些。

下面简要介绍几种主要类型的水下机器人在国外的发展情况。

➤ 2.2.1 遥控水下机器人

遥控水下机器人也称遥控潜水器（ROV），是一类具有水下主动浮游运动能力的、通过脐带缆连接水下本体和水面控制台的无人遥控平台[②]。ROV本体通过脐带缆与水面控制台相连接，水面控制台通过脐带缆向ROV本体传输动力和控制信号等，ROV本体也通过脐带缆向水面控制台传回视频、图像信息以及传感器采集到的数据[③]。

在ROV领域，美国、加拿大、英国、法国、德国和日本等国家处于领先地位，而在商用ROV方面，美国和欧洲国家占据了绝大部分市场。目前，全球有上百家ROV制造商，正在使用的不同型号和不同作业能力的ROV数以千计，而且还在继续增长。美国、日本、俄国、法国等发达国家已经拥有了从水面支持母船到可下潜3000米到11 000米的深海潜水器系列装备，通过装备之间的相互支持、联合作业和安全救助等，能够顺利完成水下调查、搜索、采样、维修、施工和救捞等任务[④]。

---

① 俞建成，陈质二，王振宇，等. 自主水下滑翔机. 北京：龙门书局，2020：i.

② 葛彤. 作业型无人遥控潜水器深海应用与关键技术. 工程研究——跨学科视野中的工程，2016，8（2）：192-200.

③ 张奇峰，等. 遥控水下机器人及作业技术. 北京：龙门书局，2020：1.

④ 连琏，魏照宇，陶军，等. 无人遥控潜水器发展现状与展望. 海洋工程装备与技术，2018，5（4）：223-231.

➤ 2.2.2　自主水下机器人

自主水下机器人（AUV）是自身携带能源和推进装置、不需要人工干预、自主航行控制[①]、自主执行探测或作业任务的新型无人平台。

自20世纪50年代美国华盛顿大学研制出世界上首台自主水下机器人SURV（Selfpropelled Underwater Research Vehicles）以来，AUV的发展经历了60多年的历史。20世纪90年代后期，随着计算机技术的发展和电子技术的日益成熟，AUV进入快速发展阶段，一批有影响的AUV相继研制成功并得到成功应用，包括美国的ABE、英国的Autosub、加拿大的Theseus。

进入21世纪，AUV技术得到了进一步的发展，商业化的AUV不断涌现，如美国Hydroid公司的Bluefin系列AUV、挪威Kongsberg公司的Remus系列AUV和Hugin系列AUV、美国Teledyne公司的Gavia系列AUV，标志着AUV进入了较大规模实际应用阶段[②]。

➤ 2.2.3　自主遥控水下机器人

自主遥控水下机器人（ARV）是近十几年来发展起来的一种新型混合式水下机器人。ARV结合了AUV和ROV的特点，使其既具备AUV的功能，可实现较大范围的探测，又具备ROV的功能，能完成水下定点作业。ARV技术可以看成是观测型AUV向作业型AUV发展的一个必然阶段，由于当前人工智能等技术的发展还不能使水下机器人具有较高的智能，研究这类混合

---

① 徐会希，等. 自主水下机器人. 北京：龙门书局，2019：1.
② 李硕，刘健，徐会希，等. 我国深海自主水下机器人的研究现状. 中国科学：信息科学，2018，48（9）：1152-1164.

式水下机器人，可以使人类利用机器人探索海洋的活动得以延伸[①]。

美国、日本等海洋大国先后研制成功了用于不同作业目标的混合式水下机器人，其研究成果得到国际上同领域专家的一致认可。其中最具代表性的是美国伍兹霍尔海洋研究所（WHOI）研制的"海神"号（HROV Nereus），它具有AUV、ROV两种作业模式，需要在机器人下水前现场改装。当采用AUV模式进行海底调查时，机器人仅搭载观测载荷，不搭载机械手等作业单元；当采用ROV模式时，可在现场加载机械手和取样单元，此时机器人通过光纤微缆与母船通信，完成取样作业。在"海神"号多次下潜中，主要以ROV作业模式为主。[②]

自2011年起，在"海神"号基础上，针对极地海冰调查，WHOI开始研制新的混合型水下机器人——Nereid UI。该水下机器人最大工作水深2000米，携带20千米的光纤微缆，并搭载多种生物、化学传感器，可进行大范围的冰下观测和取样等作业。

➤ 2.2.4　自主水下滑翔机

自主水下滑翔机（Autonomous Underwater Glider，简称水下滑翔机）是一种无外挂驱动、依靠自身浮力和姿态调节控制其运动的新型水下机器人，是一种逐渐成熟的适用于长时间、大范围海洋环境观测的新技术平台。[③]

当前，国外水下滑翔机技术的发展与应用主要集中于美国、法国、英国和澳大利亚等海洋强国，其中美国长期处于领先地位。自1989年美国海洋学家施托梅尔（Stommel）提出水下滑翔机的发展和应用规划后，水下滑翔机技术进入高速发展期。20世纪90年代，美国相继开发成功了Slocum、

---

① 李一平，李硕，张艾群. 自主/遥控水下机器人研究现状. 工程研究——跨学科视野中的工程，2016，8（2）：217-222.

② 李一平. 自主/遥控水下机器人研究与应用. 现代物理知识，2021，33（1）：19-23.

③ 俞建成，刘世杰，金文明，等. 深海滑翔机技术与应用现状. 工程研究——跨学科视野中的工程，2016，8（2）：208-216.

Seaglider 和 Spray 三种典型水下滑翔机，并持续进行技术攻关和应用探索。除美国外，欧洲和澳大利亚从21世纪也开始专注于水下滑翔机的应用和协作技术的研究，并组建了各自的水下滑翔机观测网络，显示了其在水下滑翔机应用方面的技术水平[①]。

由于国外的技术封锁，我国水下滑翔机均为自主研发，相关研究工作起步较晚。2003年，沈阳自动化所开展了与水下滑翔机相关的基础研究工作，成功开发出了水下滑翔机原理样机，并完成了湖上试验。从2007年开始在国家高技术研究发展计划（"863计划"）的支持下，沈阳自动化所开展了水下滑翔机样机的研制工作，2008年我国水下滑翔试验机样机研制成功。2012年开始，由天津大学、沈阳自动化所、华中科技大学、中国海洋大学共同承担"863计划"项目"深海滑翔机研制及海上试验研究"，进行多型水下滑翔机的工程样机开发，加速推进深海滑翔机技术工程化，并研制出了多种型号的深海滑翔机样机[②]。

➤ 2.2.5 载人潜水器

关于载人潜水器（Human Occupied Vehicle，HOV）是否属于水下机器人，学术界的看法并不一致。主流观点认为，载人潜水器因"有人"驾驶，就不是"水下机器人"，但其自主控制系统又与水下机器人相类似，所以这里也相应对此做些介绍。

载人潜水器是由人驾驶操作，配置生命支持和辅助系统，具备水下机动和作业能力的装备。这种装备可运载科学家、工程技术人员和各种电子装置、机械设备，快速、精确地到达各种深海复杂环境，进行高效的勘探、科学考察和开发作业，是人类实现开发深海、利用海洋的一项重要技术手段。

---

① 沈新蕊，王延辉，杨绍琼，等. 水下滑翔机技术发展现状与展望. 水下无人系统学报，2018，26（2）：89-106.

② 俞建成，刘世杰，金文明，等. 深海滑翔机技术与应用现状. 工程研究——跨学科视野中的工程，2016，8（2）：208-216.

据美国海洋技术协会（Marine Technology Society，MTS）2015年数据分析，全球大约有96艘正在服役的载人潜水器，比较活跃的深海型载人潜水器大约有16艘。据统计，2015年全球有超过100万人次搭乘载人潜水器进行了下潜，其应用得到广泛关注。然而，受制于造价及运行费用，全球范围内仅有美国、中国、日本、俄罗斯、法国拥有和运营深海型载人潜水器，此外，西班牙、加拿大和葡萄牙等国正在发展浅水型载人潜水器[①]。

2.3　沈阳自动化所及其水下机器人

1958年秋，中共辽宁省委根据中央关于"尖端科学研究实行中央和地方同时并举"的方针，着手筹建辽宁电子技术研究所，下设901（无线电）、902（计算机）、903（自动化）、904（半导体）四个专业。在其中903（自动化）专业的基础上，于1960年独立建立中国科学院辽宁分院自动化研究所，此后几度更名和改变隶属关系。1972年，按照中国科学院的要求，将名称确定为"中国科学院沈阳自动化研究所"直至今日。

沈阳自动化所已经走过60多年的发展历程，围绕国家经济社会和国防建设的需要，不断调整学科建设和研究方向，大致经历了以下四个阶段。

第一阶段是初创建设时期（1958—1978年）。建所之初主要研究方向包括：生产过程自动化、自动化技术工具、运动技术、计算机技术。1972年，确定以控制机系统研究为主，同时开展跟踪随动系统、信息处理系统、控制理论和自动化新技术，以及人造智力系统的探索。1976年，制订了十年科学发展规划：结合生产过程自动化和管理自动化，开展计算机应用及软件研究；结合跟踪测量飞行物体，开展高精度跟踪系统研究；结合有关需要，开展图

---

① 任玉刚，刘保华，丁忠军，等. 载人潜水器发展现状及趋势. 海洋技术学报，2018，37（2）：114-122.

像信息处理研究，同时开展数控技术和机器人技术研究。

第二阶段是奋斗崛起时期（1978—1998年）。国家实行改革开放政策后，沈阳自动化所进入了新的发展时期。1979年，确定以现代控制工程、智能系统、模式识别与信息处理为主要学科方向。20世纪80年代，依托于沈阳自动化所建设的国家机器人示范工程和机器人技术国家工程研究中心，使机器人技术研究迅速发展。1986年，确定以机器人技术为主导方向，同时发展自动控制技术、高精度电视跟踪技术和办公自动化技术。国家"八五"计划期间（1991—1995年），加强了工程自动化总体技术和工业综合自动化系统的研究开发。1997年，中国科学院对所属研究机构实行分类定位，确定沈阳自动化所为科研基地型研究所，重点发展目标是建设成为国家先进制造领域研究与开发的基地型研究所。

第三阶段是创新跨越时期（1998—2010年）。1998年，中国科学院开始分三个阶段实施"知识创新工程"。沈阳自动化所是进入知识创新工程试点启动阶段（1998—2000年）的首批单位，开始建设中国科学院先进制造基地，确定制造科学为基地主要学科方向，在智能机器和先进制造系统两个方向进行前沿研究和探索、高技术攻关、示范应用和高技术产业化；全面推进阶段（2001—2005年）在智能机器和先进制造系统两个方向上部署了7个重大项目，2003年提出定位为从事战略高技术领域创新活动的国立科研机构；优化完善阶段（2006—2010年），面向提升我国制造业科技水平、国防现代化建设和振兴东北装备制造业，成为在先进制造与自动化领域自主创新方面具有骨干引领作用的国立科研机构和国际知名研究所。

第四阶段是率先行动时期（2010—2020年）。2010年，中国科学院提出并实施"创新2020"工作方案。2014年，又启动《中国科学院"率先行动"计划暨全面深化改革纲要》，开始实施"率先行动"计划，其中的一项主要内容就是根据现有研究机构的不同功能，进行分类定位，沈阳自动化所的发展战略定位于从事先进制造及自动化科学技术的基础和应用研究。2014年底，以沈阳自动化所为依托，获批牵头筹建中国科学院机器人与智能制造创新研究院，并于2017年通过建设试点工作验收。在此期间，逐步形成了"科学研究、工程应用、检测评估、标准制定"四位一体的发展态势。

2021年，进入"率先行动"计划新阶段，沈阳自动化所积极主动地开展了"十四五"规划的编制工作，开启迈向建设具有中国特色的世界一流研究所的新征程。

➤ 2.3.1 水下机器人研究的发端

我国水下机器人研究究竟始于何时，目前在业内尚未达成统一的共识，一些回顾文章也只是笼统地讲"我国的水下机器人事业起步于20世纪80年代"或"20世纪70年代末期"[①]。根据早期水下机器人学科历史上的若干重要时间节点和标志性事件，这里就其起始元年问题做些探讨。在机器人家族中，水下机器人属于服务类机器人，因此谈及我国水下机器人研究的缘起，首先要从机器人发展的历程说起。

在世界机器人技术发展中，曾出现过一些标志性事件：1948年，美国神经生理学家和机器人学家威廉·格雷·沃尔特（William Grey Walter）制造的机器乌龟是世界上最早具有自主意识的电动机器人；1954年，乔治·德沃尔（George Devol）制造出世界上第一台可编程的机器人并申请了专利，被认为是第一台机器人系统；1962年，美国AMF公司生产的VERSTRAN（意为万能搬运）和Unimation公司生产的Unimate成为真正商业化的工业机器人并出口到世界各国，由此在国际上掀起了对机器人研究的热潮。

在我国，中国科学院充分发挥集多科学、先进技术知识、尖端科技人才、完善的科研中心与基地、广泛的国际科技合作、活跃的学术环境为一体的优势，因势利导，最先开始水下机器人学科的研究与开发工作，其中沈阳自动化所是最早开展机器人研究的机构之一。1972年10月16—18日，在中国科学院于沈阳召开的"电子·自动化科研工作座谈会"上，确定了"以控制机

---

① 封锡盛，李一平. 海洋机器人30年. 科学通报，2013，58（增刊Ⅱ）：3.

系统研究为主，同时开展……人造智力系统的探索"①，这是沈阳自动化所最早出现的与机器人相关的表述。

1973年12月，沈阳自动化所制定的《1974—1980年科研规划》认为，"人造智力的研究与应用，是自动化发展的趋向""人造智力是近十几年发展起来的自动化领域内的新学科，它是人赋予与机器有模拟人类某些智力行为的自动化系统"②。决定将"智力机器人的研究"作为人造智力方向拟开展的8项研究课题之一，并把"智力机应用于海底开采的探索研究"作为"待定"任务。这是沈阳自动化所官方资料中首次用"机器人"一词，同时提出了与"水下机器人"相关的研究课题。

1974年5月，在向中国科学院的汇报中，沈阳自动化所"首次提出开展人工智能和机器人技术研究的立项申请"，正式提出将人工智能与机器人作为本所的学科发展方向，在国内率先开展机器人理论与应用研究，"是我国最早开展机器人研究的单位"③。蒋新松后来在回顾中认为，"我国的机器人技术起步较晚，但将机器人技术作为一个专门学科介绍到国内来并不晚。大致是在七十年代初，世界范围内第一次机器人高潮的末尾"④。

1977年10月，中国科学院自然科学学科规划会议将机器人项目列入规划。同年8月编制的1978—1985年《中国科学院沈阳自动化研究所科研发展规划》认为，由于深海海底开发是一个综合性的技术，它涉及很多其他学科，如海洋学、深海机械、海底测量、深海信息传输等方面的问题，要多学科协同工作⑤，规划在未来8年内重点研究的8个项目中，包括"海底用自动机械的研制""海底定位与姿态控制"两项与水下机器人直接相关的题目。

---

① 中国科学院沈阳自动化研究所. 中国科学院沈阳自动化研究所所志（第一卷，1958—1985）（内部资料）. 2004：12.

② 中国科学院沈阳自动化研究所. 科研规划草案第四次讨论稿. 中国科学院档案馆. 1973-12-01：4-8.

③ 中国科学院沈阳自动化研究所. 中国科学院沈阳自动化研究所所志（第二卷 B，1986—2002）（内部资料）. 2004：149.

④ 蒋新松. 国外机器人的发展及我们的对策研究. 机器人，1987（1）：58-65.

⑤ 中国科学院沈阳自动化研究所. 中国科学院沈阳自动化研究所科研发展规划（研究方向部分）. 中国科学院档案馆. 1977-08-16：10.

　　1979年8月，为了落实学科规划，中国科学院三局组织了以蒋新松为组长的人工智能与机器人赴日考察组，考察认为："我国需要研究机器人，在我国当时劳动力丰富的情况下，搞特种机器人容易得到用户和领导支持，特种机器人的应用将是我国机器人研发的突破口。"[1]考察组就如何立题进行了讨论，最后集中到两种可能的情况，"一类是核辐射下应用的机器人，另一大类就是海洋机器人。后来就提出后一课题作为研究的目标"[2]。于是，海洋机器人就成为中国机器人研究的"突破口"。同年10月26日，沈阳自动化所与中国科学院长春光学精密机械研究所（简称长春光机所）联合调查组提交了《我国需要研制海洋机器人》的初步调查报告[3]（图2-1），这也是首次明确提出"海洋机器人"一词。

　　1979年12月7—10日，中国科学院三局在沈阳组织召开了"海洋机器人"计划座谈会议（图2-2左）。议题包括：对海洋机器人研究进行课题论证；讨论研究工作计划和分工协作方案；组织总体组；草拟开展海洋机器人研究工作报告。沈阳自动化所在会上作了《关于开展海洋智能机器人研究的设想》的报告[4]，共有来自中国科学院内外的10家单位30名代表参加了会议，与会代表一致支持开展这一课题

图2-1 《我国需要研制海洋机器人》
调查报告封面

① 刘海波. 二十世纪七十年代的学科发展及历史意义. 中国科学院沈阳自动化研究所50周年纪念册（内部资料）. 2008：102.
② 蒋新松. 关于"海人一号"研制过程的总结. 沈阳自动化所综合档案室. 1987-08-12：1-2.
③ 沈阳自动化研究所，长春光机所联合调查组. 我国需要研制海洋机器人——国内几个单位的初步调查情况汇报. 沈阳自动化所综合档案室. 1979-10-26：1.
④ 中国科学院沈阳自动化研究所. 关于开展海洋智能机器人研究的设想. 中国科学院沈阳自动化研究所综合档案室. 1979.12.08. 若未加特殊说明，本书中的照片或扫描图片，均由沈阳自动化所综合档案室或作者本人提供.

研究。会议做出的一项重要决定就是于1980年组织全国性的课题调研工作，从之前对海洋机器人"概念"的理论探讨到课题"预先研究"的实际行动，开启了中国海洋（水下）机器人事业的大幕。

➤ 2.3.2 水下机器人元年的确定

1980年2月25日，中国科学院三局和计划局联合下发《关于开展海洋机器人总体调研和预先研究工作的通知》，由沈阳自动化所和长春光机所牵头"总体调研和预先研究"工作，文件开头就明确指出："海洋机器人研究课题已列入我院一九八〇～八一年重点科研项目计划……在全面开展研究工作之前，应着重抓好总体调研、方案论证和预研工作。"[①]（图2-2）

1980年4月初至5月中旬，由蒋新松带队的沈阳自动化所、长春光机

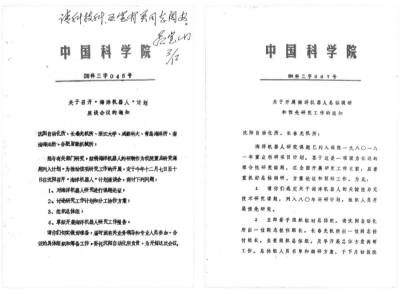

图2-2 《关于召开"海洋机器人"计划座谈会议的通知》（左）和《关于开展海洋机器人总体调研和预先研究工作的通知》（右）的首页

---

① 中国科学院. 关于开展海洋机器人总体调研和预先研究工作的通知 [（80）科三字007号].
中国科学院沈阳自动化研究所综合档案室. 1980-02-25：1.

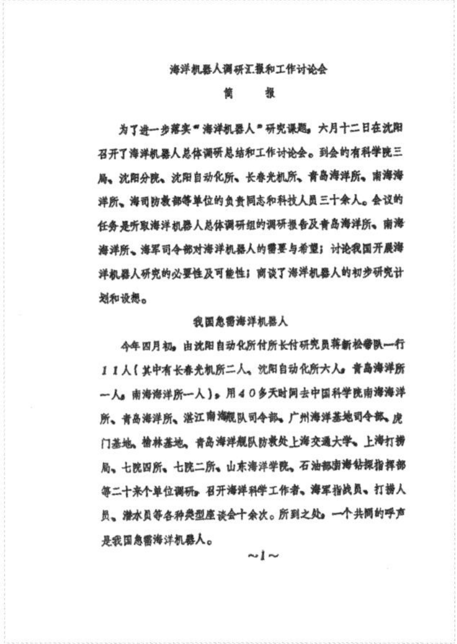

海洋机器人调研汇报和工作讨论会

简　报

为了进一步落实“海洋机器人”研究课题，六月十二日在沈阳召开了海洋机器人总体调研总结和工作讨论会。到会的有科学院三局、沈阳分院、沈阳自动化所、长春光机所、青岛海洋所、南海海洋所、海司防救部等单位的负责同志和科技人员三十余人。会议的任务是听取海洋机器人总体调研组的调研报告及青岛海洋所、南海海洋所、海军司令部对海洋机器人的需要与希望；讨论我国开展海洋机器人研究的必要性及可能性；商谈了海洋机器人的初步研究计划和设想。

我国急需海洋机器人

今年四月初，由沈阳自动化所付所长付研究员蒋新松带队一行11人（其中有长春光机所二人，沈阳自动化所六人，青岛海洋所一人，南海海洋所一人），用40多天时间去中国科学院南海海洋所、青岛海洋所、湛江南海舰队司令部、广州海洋基地司令部、虎门基地、榆林基地、青岛海洋舰队防救处上海交通大学、上海打捞局、七院四所、七院二所、山东海洋学院、石油部南海钻探指挥部等二十来个单位调研，召开海洋科学工作者、海军指战员、打捞人员、潜水员等各种类型座谈会十余次。所到之处，一个共同的呼声是我国急需海洋机器人。

~1~

图 2-3《海洋机器人调研汇报和工作讨论会简报》首页

所、青岛海洋所、南海海洋所组成的联合调研组一行11人，对20多家单位开展大规模调研，召开海洋科学家、打捞人员、潜水员等人员参加的各类座谈会10余次，大家共同呼吁急需开发新的水下探测及作业装置——海洋机器人，最终形成调研报告并报送中国科学院。同年6月12—14日，在沈阳自动化所召开“海洋机器人总体调研总结和工作讨论会”，“着手考虑总体方案”；16日，向中国科学院报送了《海洋机器人调研汇报和工作讨论会简报》（图2-3），与会者认为“在我国进行海洋机器人研究，一是需要、二是可能”，会议“预定年底拿出初步方案，拟在年底召开审议会”[①]。

1980年9月28日，在报送给中国科学院的《中国科学院沈阳自动化研究所1981—1990十年科研发展规划》（图2-4）中指出，“五年内完成第一代能在大陆架海底进行观察和简单操作的有缆游式海洋机器人；逐步开展第二代监控式海洋机器人单项技术的预研工作。十年内完成能自行回避障碍的监控式第二代机器人，并投入使用。为此……开展和完成海洋机器人水下观测电视系统，水下图像处理和物景分析，机器人感觉、滑觉、接近感觉等方面的研制工作”[②]。1981年11月5日至7日，在沈阳友谊宾馆召开了包括李薰、陶亨咸、张作梅、张钟俊、杨嘉墀、常迥6位中国科学院学部委员，共计38位代表参加的“海洋机器人研究课题评议会”，谈大龙代表沈阳自动化所作立

① 海洋机器人调研汇报和工作讨论会简报. 中国科学院沈阳自动化研究所综合档案室. 1980-06-16：5-6.

② 中国科学院沈阳自动化研究所. 中国科学院沈阳自动化研究所1981—1990十年科研发展规划. 中国科学院沈阳自动化研究所综合档案室. 1980-09-28：16.

项论证报告。会议一致同意立项，根据李薰先生的建议，将题目确定为"智能机器在海洋中的应用"，并完成《沈阳自动化所海洋机器人研究课题评议结果的报告》，报送中国科学院技术科学部。同年11月20日，沈阳自动化所向中国科学院提交《关于"智能机器在海洋中的应用研究"列为中科院重点课题的申请报告》[①]。

图 2-4 《中国科学院沈阳自动化研究所 1981—1990 十年科研发展规划》封面

1982年8月25—28日，在浙江杭州莫干山召开的"无人有缆可潜器方案评议会"的纪要中，"代表们一致认为，随着近年来我国海上石油开发、海洋调查、海洋工程和救捞事业的发展，当前研制的无人有缆可潜器是发展我国海洋事业迫切需要的工具，对'四化'和国防建设都有很大的现实意义，应予积极支持。沈阳自动化所预见到这种发展趋势，及时提出该项研究课题，并主动与上海交大等单位合作，适应了国家的需要。对此与会代表一致给予充分的肯定"[②]。

1982年8月，通过专家评审，"智能机器在海洋中的应用（'HR-01'试验样机）"列为中国科学院重点课题（编号：800508），获得经费支持并全面开展研制。经过两年多的不懈努力，1985年7月，"海人一号"（"HR-01"）进行总装调试；1985年11月至1986年1月，在大连海域进行整机功能试验；1986年12月18日起，在海南岛海域进行了为期40天的试验及测试。

1987年8月12—13日，中国科学院在沈阳自动化所举办"海人一号"鉴

---

① 中国科学院沈阳自动化研究所. 关于"智能机器在海洋中的应用研究"列为中科院重点课题的申请报告. 中国科学院沈阳自动化研究所综合档案室. 1981-11-20.

② 蒋新松. 关于"海人一号"研制过程的总结. 中国科学院沈阳自动化研究所综合档案室. 1987-08-12:3.

定会，标志着我国自主研制的中国第一台水下机器人正式诞生。鉴定委员会"认为它达到了设计指标要求，在技术上居于国内领先地位""填补了国内空白""控制系统达到了国外八十年代初期产品中相应系统的水平"[①]，"'海人一号'是我国科研人员完全依靠自主技术和立足于国内的配套条件开展的研究工作，是我国水下机器人发展史上的一个重要里程碑事件"[②]。

中国水下机器人的历史，由此掀开了波澜壮阔的宏伟篇章！沈阳自动化所也由此奠定了在水下机器人领域的重要历史地位！

通过对早期水下机器人领域重要事件的梳理，发现从概念提出、编制规划、初步调查、需求调研、预先研究、方案论证、课题申报，直到项目审批，节点主要集中在1979—1982年这段时间。1980年之前基本还处于水下机器人的"研究设想"阶段，而1980年已"组成总体组"并提出实施计划。因此1980年是最重要的时间节点，理由为以下几点。

一是中国科学院正式发出通知，在全国范围内开展水下机器人的"总体调研和预先研究"工作，通知开宗明义地指出："海洋机器人研究课题已列入我院一九八○～八一年重点科研项目计划。"尽管直到1982年，中国科学院才批准"智能机器在海洋中的应用"为重大项目，但证据表明相关研究在1980年即已展开。

二是自1980年4月初开始调研到6月召开总结会议，在此期间已经逐步形成了技术方案、任务目标和全国性的协作网络，调研总结报告获得好评，在国内学术界、用户方（石油部、交通部等）已就研制水下机器人达成了较为广泛的共识。"海人一号"课题实际已经启动[③]。

三是沈阳自动化所在1980年上报给中国科学院的《中国科学院沈阳自动化研究所1981—1990十年科研发展规划》中明确提出，要在"五年内完成第

---

① 中国科学院. 《智能机器在海洋中的应用（"HR-01"试验样机）》科学技术成果鉴定证书（科学院（87）成鉴字第053号）. 中国科学院沈阳自动化研究所综合档案室. 1987-08-12: 5-7.
② 封锡盛，李一平. 海洋机器人30年. 科学通报，2013，58（增刊Ⅱ）: 3.
③ 在当时整理形成的14卷（册）技术档案中，明确标明该项目的研究时间为"自1980年1月起至1987年8月止"，参见《智能机器在海洋中的应用（"HR-01"试验样机）》专题技术档案简介. 中国科学院沈阳自动化研究所综合档案室. 1988.

一代能在大陆架海底进行观察和简单操作的有缆游式海洋机器人"，规划提出的内容已不再是"概念"性质，预研工作渐趋成熟，具备了实施的基础。

四是根据我国第一部水下机器人学科权威性专业著作《水下机器人》一书中的表述，"我国从1980年起开始这个领域的研制工作"[①]，而且1980年为整数年，便于记忆和纪念，这些重要史实能够体现和证明沈阳自动化所在水下机器人研究上的首创性。

因此，将1980年认定为中国水下机器人研究的起始年——元年，比较合乎历史上的客观情况。

进入21世纪，我国水下机器人研究进入了新的发展阶段，其中一项重要成果就是由沈阳自动化所封锡盛院士和李硕研究员主编的"海洋机器人科学与技术丛书"的出版。该套丛书包括专著和译著共25部，是我国首套全面、系统介绍水下机器人的系列丛书。作者是来自中国科学院的沈阳自动化所、声学研究所、深海科学与工程研究所等科研机构和哈尔滨工程大学、浙江大学、华侨大学等高校的海洋科技工作者。丛书内容包括水下机器人基础理论、系统设计、产品开发、工程实践和应用技术，涵盖了水面、水下、遥控、自主等多种类型的水下机器人系统及技术，甚至触及机器人伦理等最新前沿问题[②]，反映了我国水下机器人领域的最新研究成果，具有很高的学术价值。如果说"海洋机器人科学与技术丛书"所反映的是水下机器人的科学与技术的话，那么水下机器人学术谱系所表现的就是"水下机器人科学与技术"发展背后的"人"。因此，本书也是对这套丛书的重要补充。

➤ 2.3.3 沈阳自动化所的水下机器人

沈阳自动化所是我国最早开展水下机器人研究的单位，其学术谱系在一定程度上反映了中国水下机器人研究的学术谱系的基本脉络。40多年来，形

---

① 蒋新松，封锡盛，王棣棠. 水下机器人. 沈阳：辽宁科学技术出版社，2002：序1.
② 詹·加利奥特. 军事机器人——道德规范的构建. 宋三明，李岩，衣瑞文译. 北京：龙门书局，2020：iii-v.

成了以"海星"ROV、"潜龙/探索"AUV、"海斗"ARV和"海翼"AUG
等装备为代表的谱系化海洋技术装备体系，构建了我国具有全部自主知识产
权的水下机器人技术体系，使我国拥有了深海、大洋、极地和深渊的探测和
作业能力。

沈阳自动化所的水下机器人学科大致经历了初创探索（1980年至20世
纪80年代后期）、合作共赢（20世纪80年代后期至2000年）和自主创新
（2000年以来）三个发展阶段。实现了从遥控到自主，从浅水到深渊，从航
程几十千米到远海数千千米，从单机到集群，从水中扩展到海底和海面，从
概念研究到产品研发、应用以及服务的技术跨越；实现了从跟踪研究向自主
研发，从市场牵引创新向市场牵引创新和创新引领市场并举的转变[1]。国家在
海洋科技领域的投入不断加大，沈阳自动化所仅就水下机器人领域而言，20
世纪80年代得到的单项最大支持经费为几百万数量级，到了20世纪90年代
升到千万级，进入21世纪已经升高到超过亿元[2]，21世纪第二个十年甚至超
过10亿元的水平，科研经费几乎每十年就提高一个数量级，许多科研成果跻
身世界前列。沈阳自动化所自行研制的水下机器人逐步实现谱系化，呈现出
以下几个特点[3]。

实现全海域谱系化海洋机器人装备体系。以"海翼"、"潜龙"、"探索"、
"海斗"和"海星"等为代表的探海装备，构建了我国具有全部自主知识产权
的水下机器人技术体系，使我国拥有了深海、大洋、极地和深渊的探测和作
业能力。在单体技术成熟的基础上，在国内率先开展了系列多海洋机器人集
群组网立体观测、空海一体化协同观测试验，实现了综合观测探测能力的跨
越式提升，取得了一批有国际影响力的成果，引领了我国海洋机器人技术的
发展，为推动国家海洋科技进步、发展海洋经济、保障海洋权益和建设海洋
强国发挥着重要作用。

① 梁波. 历史与回顾——沈阳自动化研究所机器人发展简史. 院史资料与研究，2015，148
（4）：63.
② 封锡盛. 回顾过去成绩斐然 展望未来任重道远. 中国科学院沈阳自动化研究所50年纪念册
（内部资料）. 2008：70.
③ 李硕. 从遥控到自主：探海"利器"迈向智能化. 前沿科学，2020，14（3）：85-87.

构建机动式实时海洋态势感知技术体系。"海翼"水下滑翔机、"海鲸"自主水下机器人和"海鸥"无人帆船是系列超长续航力经济型自主探测装备，可用于构建新一代机动式准实时海洋态势感知系统，满足深远海、大范围和准实时海洋态势感知需求，解决海洋信息不对称、海洋过程不清晰、预报不准确等重大问题。"海鲸"具有布放机动灵活、动态响应快、探测范围可控、探测精度可调等特点，用于执行长期环境观测任务。"海翼"先后参加了多次科考航次，成功在多个海域开展观测任务，完成了我国最大规模水下滑翔机集群协同观测应用，首次揭示了南海北部动态中小尺度过程精细时空结构与发展演变过程。"海翼"规模化应用，标志着我国水下滑翔机达到实用化水平，迈入国际领先行列。

支撑我国深海矿产资源勘查技术体系。"潜龙"系列自主水下机器人是集微地形地貌探测、海底照相、水体测量和地磁探测等多种手段于一体的深海资源勘查装备，可用于多金属结核、富钴结壳、多金属硫化物、天然气水合物等多种深海资源的精细勘查。先后参加过数次大洋科考航次，累计下潜数十次，探测面积达上千平方千米，首次利用光学照片展示了矿区的全貌。其在大洋科考航次的成功应用，为我国圈定高品质矿区提供了重要科学依据，标志着我国"潜龙"系列水下机器人已达到业务化运行水平，跨入国际先进行列。

提升极端海洋环境下无人科考能力。"海极"号遥控水下机器人、"海斗"号和"海斗一号"自主遥控水下机器人、"探索"自主水下机器人、"海星"遥控水下机器人，是面向极端海洋环境调查的系列机器人化科考装备，主要用于研究极地海洋对全球气候的重要影响和深渊生命起源等重大前沿科学问题。先后参加了多次综合科考航次，取得了北极海冰冰底物理特性和海洋环境参数、南极罗斯海域连续海洋特征参数、马里亚纳海沟温盐深剖面数据及深渊海底高清视频等珍贵科考数据。系列装备的成功研制与应用，有效提升了我国南北极海洋环境调查、深海海底作业和深渊海沟环境调查的能力，也标志着我国无人潜水器技术跨入了一个可覆盖全海深探测与作业的新时代。

这里简要介绍由沈阳自动化所牵头研制或作为主要参研单位研制的水下

机器人。

2.3.3.1 遥控水下机器人技术发展

1985年12月，中国首台水下机器人"海人一号"ROV样机首航成功，1986年完成海上试验。值得一提的是，"海人一号"完全由中国科研人员依靠自主技术制造，为国际合作奠定了技术基础，也为我国机器人的研发和产业化起到了促进作用，在中国水下机器人发展史上具有里程碑意义。1987年，我国首套ROV产品（RECON-Ⅳ）出口。同年，我国第一套爬行ROV"海蟹"号研制成功。1995年，具备打捞作业能力的YQ2型ROV研制成功。

2000年，"海星300"ROV研制成功。2003年，我国首套极地科考ROV"海极"号参加北极第二次科学考察任务。同年，我国首套埋缆机研制成功。2006年，我国首套1000米作业型ROV产品"海星1000"交付。2016年，我国首套6000米级科考ROV"海星6000"研制成功。

2.3.3.2 自主水下机器人技术发展

20世纪90年代初，沈阳自动化所作为总体单位联合国内优势单位成功研制了中国第一台1000米级自治水下机器人——"探索者"号AUV，并在南海成功下潜到1000米。

20世纪90年代中期，沈阳自动化所成功研制了中国第一台6000米自治水下机器人——"CR-01"AUV，分别于1995年和1997年两次赴东太平洋开展试验与应用，最大下潜到5270米，为我国在国际海底区域成功圈定多金属结核区提供了重要科学依据。随后，沈阳自动化所又研制成功了"CR-01"的改进型——"CR-02"AUV。该AUV的垂直和水平调控能力、实时避障能力均比"CR-01"显著提高，并可绘制海底微地形地貌图[①]。

为了满足国家战略需求，20世纪90年代末，沈阳自动化所在大深度AUV技术的基础上开展了长航程AUV的研究工作，并实现了技术突破，解

---

① 沈阳自动化所早期（2000年以前）研制的自主水下机器人，如"CR-01""CR-02""探索者"号等称为自治水下机器人。

决了长航程AUV涉及的智能控制技术、精确导航技术、锂一次电池大规模成组应用技术、可靠性技术等关键技术。长航程AUV的最大航行距离可达数百千米[①]，成为我国首型拥有完全自主知识产权、具备批量化生产的产品。

国家"十二五"（2011—2015年）期间，沈阳自动化所在中国大洋矿产资源研究开发协会（简称中国大洋协会）和"863计划"的支持下，开展了潜龙系列深海自主水下机器人的研制。现已成功研制出"潜龙一号"、"潜龙二号"、"潜龙三号"和"潜龙四号"系列产品，多次参加了大洋航次任务，航迹遍布中国南海、太平洋、印度洋、大西洋。在科技部和中国科学院的支持下，沈阳自动化所成功研制了海洋科学研究型的"探索100"、"探索1000"和"探索4500"系列自主水下机器人，具备了海洋环境探测、水下观测和海洋科学研究的能力。

2.3.3.3 自主遥控水下机器人技术发展

2003年，沈阳自动化所在国内率先提出了自主遥控水下机器人（ARV）的概念。2005—2020年，先后研制成功了四型ARV并完成了湖试、海试及应用工作。其中，"北极"ARV在2008—2014年，分别参加了中国第三次、第四次、第六次北极科考。"北极"ARV在北极科考中的多次成功应用，刷新了我国水下机器人在高纬度下开展冰下调查的纪录，也提升了我国水下机器人的技术水平和国际影响力，其成果受到了国内外同行和新闻媒体的广泛关注。

在中国科学院战略性先导科技专项的支持下，沈阳自动化所围绕深渊探测的需求，开展了"海斗"号全海深ARV关键技术研究工作，2016年、2017年和2018年，连续三年参加马里亚纳海沟深渊科考航次，取得了瞩目的成果。"海斗"号11次到达万米以下深度，最大下潜深度10 905米，创造了我国水下机器人最大下潜及作业深度纪录，标志着我国无人潜水器进入了一个全新的万米科考时代。

---

① 徐会希，等. 自主水下机器人. 北京：龙门书局，2019：5-6.

在科技部重点研发计划的支持下,"海斗一号"研制成功,这是我国首台具有作业能力的全海深ARV。2020年,"海斗一号"在马里亚纳海沟实现4次万米下潜,最大下潜深度达10 907米,刷新了我国潜水器最大下潜深度纪录,开创了中国无人潜水器领域多项第一。

2.3.3.4 水下滑翔机技术发展

海洋观测是研究、开发、利用海洋的基础,而海洋观测平台技术是不可缺少的。"世界海洋观测平台技术经历了科考船观测时代、卫星观测时代、浮潜标观测时代的发展,正悄然迎来机器人化观测时代。尤其是20世纪末21世纪初诞生的自主水下滑翔机为海洋观测提供了新技术手段。"①

2003年,为满足国家海洋观测等领域的需求,沈阳自动化所开始研制自主水下滑翔机。至今,已研制成功"海翼300""海翼1000""海翼4500""海翼7000"系列水下滑翔机,完成了湖试、海试及应用工作。

2011年,水下滑翔机在西太平洋试验应用获得成功,连续完成了多个滑翔观测作业,最大下潜深度为837米。2014年,水下滑翔机完成中期海上试验,下潜深度首次突破1000米。2017年3月,"海翼7000"水下滑翔机在马里亚纳海沟完成了6329米大深度下潜观测任务,打破了当时水下滑翔机工作深度的国际纪录。同年7月,"海翼"系列水下滑翔机实现了当时最大规模集群同步观测。同年9月,"海翼"系列水下滑翔机顺利完成大洋第45航次观测任务。同年10月,"海翼1000"水下滑翔机再创我国水下滑翔机续航能力新纪录,该水下滑翔机在南海北部无故障连续工作91天,航行距离1884千米,共采集了488个剖面数据。

2018年1月,"海翼"系列水下滑翔机首次在印度洋实现应用。9月,"海翼"系列水下滑翔机成功实现首次北极科考应用。12月,"海翼"系列水下滑翔机首次执行国际联合观测任务。

---

① 俞建成,陈质二,王振宇,等. 自主水下滑翔机. 北京:龙门书局,2020:Ⅶ.

2.3.3.5　载人潜水器及其控制系统

控制系统是载人潜水器的核心，沈阳自动化所一直致力于中国载人潜水器控制系统的研究工作。"蛟龙"号、"深海勇士"号、"奋斗者"号载人潜水器的控制系统均由沈阳自动化所研制。

2002年，随着科技部将"蛟龙"号载人潜水器的研制列为"863计划"重大专项，沈阳自动化所开始研发"蛟龙"号载人潜水器的控制系统。在国内首创的载人潜水器的水中自动悬停技术，是"蛟龙"号三大技术突破之一。控制系统在"蛟龙"号持续几年的海试期间，一直表现稳定可靠，是"蛟龙"号上故障率最低的系统之一，展现了研究所在水下机器人控制系统技术领域扎实的研究基础与技术实力。

"深海勇士"号载人潜水器项目启动后，控制系统研制团队继续开拓创新，在人机融合交互设计、系统采集数据精确校准方面取得了更大进展，研制出基于信息化数据、图形化交互的载人潜水器控制系统，较好满足了深海科学考察的应用需求。

"奋斗者"号控制系统的研制，则充分汲取了"蛟龙"号精准可靠、"深海勇士"号信息化、人机共融等优点，并根据全海深载人潜水器的自身特点、研发难点以及应用需求，结合了沈阳自动化所在水下机器人控制领域掌握突破的最新技术与前期经验积累，开展了更加复杂的研制过程。最终取得了"奋斗者"号海试应用圆满成功的应用效果。

另外，"深海勇士"号、"奋斗者"号载人潜水器均配备了由沈阳自动化所研制的深海机械手，实现了对深海/深渊的岩石、生物的抓取及沉积物取样的操作等精准作业的任务。

3

水下机器人重要
技术装备项目

从1986年开始，沈阳自动化所每隔一段时间就有一项新的重大科研成果产生，在我国水下机器人领域创造了多项"第一"（图3-1），长期在国内保持领先水平，例如：

1986年，中国第一台水下机器人"海人一号"海试成功。

1990年，中国第一台商业化水下机器人"RECON-Ⅳ-SIA"首次出口美国。

1991年，中国第一台观察型遥控水下机器人"海潜一号"研制成功。

1994年，中国第一台1000米无缆水下机器人"探索者"号海试成功。

1995年，中国第一台6000米自治水下机器人"CR-01"海试成功。

1996年，中国第一台作业型遥控水下机器人"YQ2"研制成功。

2002年，中国第一台自走式海缆埋设机器人"海星"号研制成功。

2003年，中国第一台遥控水下机器人"海极"号参加第二次北极科考。

2006年，中国第一台长航程自主水下机器人试航成功。

2008年，中国第一台自主遥控水下机器人"北极ARV"参加我国第三次北极科考。

2009年，中国第一台1000米级水下滑翔机"海翼"号海试成功。

2013年，中国第一台实用型6000米级自主水下机器人"潜龙一号"研制成功。

2016年，中国第一台万米水下机器人"海斗"号研制成功。

2017年，中国第一台7000米级水下滑翔机"海翼7000"完成深海观测。

2017年，中国第一台6000米级深海科考型遥控水下机器人"海星6000"完成深海试验。

2019年，中国第一台执行南极科考任务的"探索1000"自主水下机器人成功应用。

2020年，中国第一台万米作业型无人潜水器"海斗一号"海试成功。

……

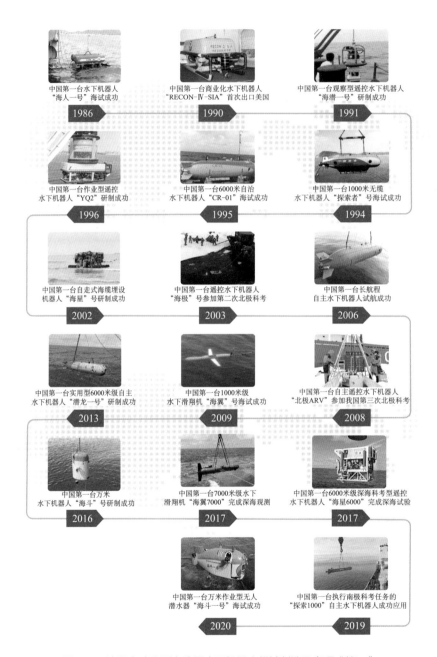

图 3-1 沈阳自动化所在我国水下机器人领域创造了多项"第一"

以下我们按三个时期，对沈阳自动化所40年来完成的主要水下机器人工程项目进行介绍。

3.1　20世纪80年代重要项目

20世纪70年代末，中国人开始了对机器人研究领域的艰辛探索，而其切入点就是海洋机器人，后称"水下机器人"。80年代是中国水下机器人的初创探索时期。第一代水下机器人专家，"是在没有任何国外参考资料，甚至连一页商业广告也找不到，以及大部分水下配套零部件国内不能提供的情况下，在不同岗位上从事自主创新和探索研究"[1]。

1982年，"智能机器在海洋中的应用（'HR-01'试验样机）"项目正式列入中国科学院重点课题，获得院拨经费115万元支持并全面开展研制。从立题调研到项目正式批准，足足经过4年时间。从此，中国的水下机器人事业步入了快车道，也为中国水下机器人学科谱系的形成奠定了坚实的基础！

除"海人一号"外，沈阳自动化所在此期间研制开发的重要水下机器人项目还有"金鱼"号系列小型水下机器人、"海蟹"号六足步行海底机器人、"海潜"号等多种类型遥控水下机器人以及RECON-Ⅳ的引进和国产化，这些均属遥控水下机器人。这些水下机器人分别应用于水库大坝拦污栅检查、石油钻井平台、海底探查、救助打捞、水电站大坝检测等应用场景。

➤ 3.1.1　"海人一号"遥控水下机器人

经过两年多的不懈努力，1985年7月，"海人一号"（HR-01）进行总装调试。1985年11月至1986年1月，在大连海域进行了整机功能实验，后又

---

[1]　封锡盛. 回顾过去成绩斐然 展望未来任重道远. 中国科学院沈阳自动化研究所50年纪念册（内部资料）. 2008：71.

进一步改进。1986年12月，在海南岛附近海域进行深水试验及性能测试，达到了设计指标的要求，在技术上居国内领先地位。"海人一号"课题由中国科学院立项（编号B00508），时间自1980年1月起至1987年8月止，负责人：蒋新松、谈大龙。主要参加人员：梅家福、封锡盛、王棣棠、顾云冠（上海交通大学）。除研究试制单位沈阳自动化所外，协作单位有上海交通大学、声学研究所东海站、国营第609厂（今天津六〇九电缆有限公司）等，最终代表性成果为"海人一号"试验样机[①]（图3-2）。

1989年，"海人一号"试验样机获中国科学院科技进步奖二等奖，获奖者包括蒋新松、谈大龙、梅家福、封锡盛、王棣棠、顾云冠、朱桂海、曹智裕、冯仲良[②]。

图3-2 "海人一号"遥控水下机器人

---

① 中国科学院沈阳自动化研究所.《智能机器在海洋中的应用》（"HR-01"试验样机）专题技术档案简介（梅家福填写）. 中国科学院沈阳自动化研究所综合档案室. 1988-03-14.

② 中国科学院沈阳自动化研究所. 中国科学院沈阳自动化研究所所志（第二卷 B，1986—2002）（内部资料）. 2004：226.

尽管"海人一号"尚属原理性样机，距离实用还有很大的距离，但其作为中国自行研制的第一台水下机器人的标志性意义是不言而喻的，从课题提出到1987年8月召开鉴定会，历时近8年，填补了国内空白，收获是多方面的。首先，培养了一支不为名、不为利，具有献身创业精神的专业化人才队伍；其次，建立起有全国20多个单位参加的协作网，掌握了关键技术及海上试验技术；再次，通过该项目的研制，打开了国际合作的渠道；最后，为此后发展更高水平的自治海洋机器人打下了基础。

"海人一号"在总体集成、带有力感和触觉的主从机械手、动力缆中双向信号传输、多自由度、强耦合的非线性运动控制、视觉系统、驱动系统、液压系统、载体流体动力学、结构学、传感器等方面取得了大量创新成果。"'海人一号'是我国科研人员完全依靠自主技术和立足于国内的配套条件开展的研究工作，是我国水下机器人发展史上的一个重要里程碑事件。"[①]中国水下机器人的历史，由此掀开了波澜壮阔的宏伟篇章！沈阳自动化所，也奠定了在水下机器人领域的重要历史地位！

➤ 3.1.2 RECON-Ⅳ系列遥控水下机器人

20世纪80年代，美国水下机器人产品稳居世界领先地位，而且被广泛用于军事领域。佩瑞（PERRY）公司生产的RECON系列产品从1978年开始生产到1987年初共生产了42套，主要用于海上救捞及石油开采技术服务。例如，1986年初同其他五种不同型号的潜水器一起，在大西洋中搜索和打捞失事的"挑战者"号航天飞机残片。RECON系列水下机器人是一款较为成熟且已商业化的产品，在广泛调研和多轮考察的基础上，逐渐成为中国引进水下机器人的重要选项。

在前期自主探索的基础上，沈阳自动化所水下机器人研制进入合作共赢阶段，代表项目就是佩瑞公司RECON-Ⅳ遥控水下机器人技术的引进和国产

---

① 封锡盛，李一平. 海洋机器人30年. 科学通报，2013，58（增刊Ⅱ）：3.

化，1985年12月24日双方在北京正式签订了"RECON-Ⅳ ROV"的技术转让合同。1986年6月经双方政府批准并签发许可证，这是沈阳自动化所历史上的首个技术引进与国际合作项目，也是机器人技术研究从实验室走向产品开发和工程应用的开始。

此后，经过3个月的准备，在1986年9月8日至11月24日、1986年12月31日至1987年2月14日这两段时间里，沈阳自动化所先后分两批共派出12人次（含金属研究所1人）水下机器人技术骨干，在佩瑞公司进行了为期16周的技术培训，这批人成为最初走出国门的研究中国水下机器人技术的先行者，包括徐凤安、王棣棠、封锡盛、梁景鸿、朱晓明、刘永宽、康守权、苏励、王小刚等。

1986年7月7日，中国科学院合同局下达了国家"七五"科技攻关项目——海洋和水下机器人技术开发（75-6）专项合同，其中的"RECON-Ⅳ-300-SIA-Ⅹ"产品开发课题，由沈阳自动化所承担，合同执行的起止期限为1986—1990年，其攻关内容包括[①]：开式叠装潜水器本体的设计和加工工艺；独特无滑环"中继器"设计和加工工艺；稳定、组合式，便于操作的吊放技术；高强度铠装脐带电缆和柔软中性浮力缆的装配技术；简单、可靠，便于控制和维护的水下机器人控制技术；高效率、动密封的水下推进技术；经验丰富的ROV操作技术；打捞和携带较重物体的独特技术；可换装多种水下作业工具组件包的装配技术。

当时国内水下机器人90%以上的零部件都需要进口，因此国产化工作被提上日程，沈阳自动化所与十多个单位共同攻关，经过三年的努力，国产化取得很大进展，按设备投资额计算，第三套RECON-Ⅳ的国产化已达到90%左右。

随着国产RECON-Ⅳ-SIA（图3-3）的诞生和走向海洋石油生产现场，科研骨干们也分期、分批走上海洋石油钻井平台，参加现场作业值班和实际

---

① 中国科学院合同局. 国家科技攻关项目专项合同（编号：75-75—06-03）. 1986-07-07：3-4. 由谈大龙先生提供。

图 3-3　RECON-Ⅳ-SIA 遥控水下机器人

操作。现场环境和实际生产过程的复杂性、多变性、突发性、紧张性以及设备适应性、操作便利性及如何实现进一步提高效率等实际问题使科研人员有了深刻的体会，感性认识大幅度提升，这些在后来的研究中都融化在他们的科研理念和设计思想中。人员素质和能力的提高，对沈阳自动化所研究水平的提升起到至关重要的作用。

　　RECON-Ⅳ系列遥控水下机器人的研究持续时间长，先后完成了5套产品，所以前后参加的人员及单位也较多。1991年，"RECON-Ⅳ-300-SIA-X中型水下机器人产品开发"同时获中国科学院科技进步奖一等奖和中国科学院综合重大奖，主要完成人有徐凤安、王棣棠、康守权、陈瑞云、张艾群、封锡盛、王小刚、梁景鸿、朱晓明、苏励、牛德林、周纯祥、赵曙晗、王汉儒、应惠筠，共计15人[①]。

　　1992年，"RECON-Ⅳ-300-SIA-X中型水下机器人产品开发"获国家

---

① 中国科学院沈阳自动化研究所. 中国科学院沈阳自动化研究所所志（第二卷 B，1986—2002）（内部资料）. 2004：227.

科学技术进步奖二等奖，获奖的主要完成人包括徐凤安、王棣棠、康守权、陈瑞云、张艾群、封锡盛、王小刚、梁景鸿、朱晓明[①]。时任沈阳自动化所所长的蒋新松直接领导和参加了RECON-Ⅳ遥控水下机器人的技术引进和消化，在水下机器人动态定位等方面有创造性贡献，但在最后报奖时他将自己的名字从第一名直接划掉了，而且这已不是他第一次让奖，这体现了一位科学家的优秀品质和博大胸襟。有些早期参加者虽然最终并未出现在获奖名单中，但他们的贡献仍然值得后人铭记！（图3-4）

RECON-Ⅳ遥控水下机器人的研制成为技术引进、消化的经典案例，“‘RECON-Ⅳ’是国际上有知名度的实用产品，实用化是我们需要弥补的差距，‘RECON-Ⅳ’的电子设备全部集中于水面控制台，水下部分仅为执行器和传感器，整机系统可靠性高和易于维护”[②]。对此，沈阳自动化所曾进行过详细的经验总结，包括以下两点[③]。

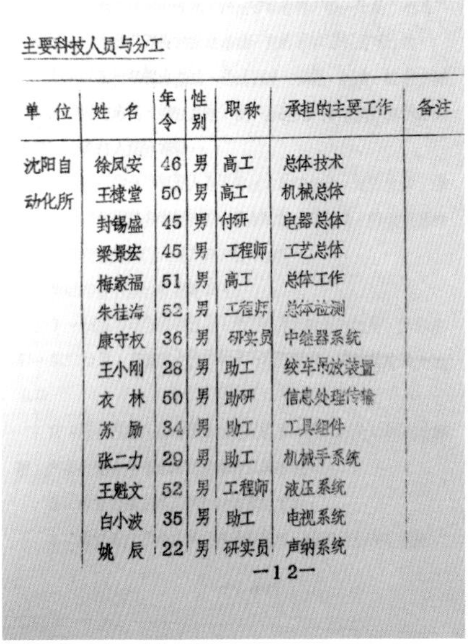
主要科技人员与分工

单位	姓名	年令	性别	职称	承担的主要工作	备注
沈阳自动化所	徐凤安	46	男	高工	总体技术	
	王棣堂	50	男	高工	机械总体	
	封锡盛	45	男	付研	电器总体	
	梁景宏	45	男	工程师	工艺总体	
	梅家福	51	男	高工	总体工作	
	朱桂海	52	男	工程师	总体检测	
	康守权	36	男	研实员	中继器系统	
	王小刚	28	男	助工	绞车吊放装置	
	衣　林	50	男	助研	信息处理传输	
	苏　励	34	男	助工	工具组件	
	张二力	29	男	助工	机械手系统	
	王魁文	52	男	工程师	液压系统	
	白小波	35	男	助工	电视系统	
	姚　辰	22	男	研实员	声纳系统	

—12—

图3-4　最初的“RECON-Ⅳ-SIA遥控水下机器人”主要科技人员与分工（资料来源：海洋和水下机器人技术开发．国家科技攻关项目专项合同．1986年7月7日，图中梁景鸿误为梁景宏）

第一，需要社会主义大协作。水下机器人是多学科综合技术，不是一个单位、一个部门可以完成的，所以我们在国内开展广泛的大协作，发挥有技术储备单位的所长，广泛地联合，使开发出的高技术产品质量高、性能稳、周期短、成本低。

第二，高技术产品开发必须有雄

① 中国科学院沈阳自动化研究所．中国科学院沈阳自动化研究所所志（第二卷B，1986—2002）（内部资料）．2004：224.

② 封锡盛，李一平．海洋机器人30年．科学通报，2013，58（增刊Ⅱ）：3.

③ 中国科学院沈阳自动化研究所．水下机器人开发（案例）．中国科学院沈阳分院软科学研究课题（附件三）．1990：6.

厚的技术基础。沈阳自动化所开发RECON-Ⅳ遥控水下机器人是在研制"海人一号"技术基础上开展的，否则也难以引进、消化、吸收国外的先进技术，从而实现国产化。

➤ 3.1.3 "金鱼"号遥控水下机器人

已经积累了一定经验的沈阳自动化所水下机器人团队，根据电站、水库、内陆湖泊等现实需要，自行开发了遥控水下机器人"金鱼"号。该课题得到当时辽宁省科学技术委员会海岸办的经费资助，自1986年开题到1989年，共开发出三种型号小型水下机器人。1986年底，"金鱼一号"原理性样机与"海人一号"一起到南海进行了海上试验。1987年，根据试验中发现的问题，对其做了重大改进设计，特别是在改善线型设计和流体力学特性方面，改进型称为"金鱼二号"。同年6月，参加了中国第一届国际机器人展览会，"金鱼"号以体积小、重量轻，操作灵活、方便的特点，受到参观者的好评。

"金鱼"号（图3-5）的研制和推广工作，非常值得总结[①]。

图3-5 "金鱼一号"（左）和"金鱼二号"（右）全套设备

建成于1944年的吉林丰满发电厂，建造了10个取水口，但只用了8个。为增加发电能力，丰满发电厂一直想把两个闲置的取水口利用起来，但电厂建成40多年来人们对其取水口拦污栅锈蚀情况根本不清楚。于是，沈阳自动化所将首台RECON-Ⅳ和"金鱼二号"同时运到丰满发电厂进行示范应用，

---

① 中国科学院沈阳自动化研究所. 水下机器人开发（案例）. 中国科学院沈阳分院软科学研究课题（附件三）. 1990：4-5.

主要用于观察第9、第10号拦污栅情况。当水下机器人将取水口拦污栅画面传到水面监视器时，电厂领导和技术人员都十分兴奋，而且两台水下机器人观察的结果一致，起到了相互印证的效果，通过实际观察，看到这两个取水拦污栅仍然能用，为电厂扩建决策提供了可靠的重要参考依据。

1989年，沈阳自动化所对"金鱼二号"再次进行了改进，并定型称为"金鱼三号"；同年10月，售给丰满电厂使用，迈出了国内市场示范应用的第一步。

"金鱼三号"水下机器人由四大部分组成：本体、电子箱、控制盒、脐带电缆。"金鱼三号"水下机器人的本体是潜水部分，它通过脐带电缆与水面电子箱连接，大部分电子线路板、监视器和电源均放在电子箱中，其控制盒为便携式，通过电缆连至电子箱，控制盒可放在室内或拿在手中。

"金鱼"系列遥控水下机器人中的"金鱼二号"获得1989年辽宁省科学技术进步奖二等奖，1990年获得国家级新产品证书。主要完成人有霍华、周纯祥、封锡盛、白晓波、许静波、姚辰、于开洋、朱晓明、刘晓延、尹书勤[①]。

除上述的"海人一号"、RECON-Ⅳ和"金鱼"号以外，沈阳自动化所在20世纪80年代还部署了"海潜"号遥控水下机器人、"海蟹"号水下六足步行机器人等水下机器人的研制工作。

➤ 3.1.4 "海蟹"号水下六足步行机器人

当时国外虽有日本、美国和苏联关于六足步行机器人的研究报道，但国内仅看到日本运输省港湾技术研究所有试验模型，且不是实际产品。中国科学院下达了1982—1986年"仿生机械在海洋中应用研究"重点课题，由长春光学精密机械研究所承担，其中电气部分由原中国科学院哈尔滨精密仪器研究所（后划归黑龙江省）负责研制。以此为基础，1985年对重点课题内容进行了扩充，增加了六足步行机构的研制，这就是后来的"海蟹"号模型机。

---

① 中国科学院沈阳自动化研究所. 中国科学院沈阳自动化研究所所志（第二卷B，1986—2002）（内部资料）. 2004：231.

图 3-6 "海蟹"号水下六足步行机器人

1986年，将"海蟹"号水下六足步行机器人（图3-6）作为国家"七五"攻关"海洋和水下机器人技术开发"项目中的课题之一，起初仍由长春光学精密机械研究所承担，1988年，课题及课题组3名骨干整体转入沈阳自动化所，于年底完成地面步行试验。1989年3月，水池步行试验取得成功。1990年12月完成课题，项目负责人为蒋新松、课题负责人为原培章[①]。

"海蟹"号水下六足步行机器人的研究内容包括：步行机器人的机构设计及机构的运动学和动力学分析、仿真研究、驱动系统的设计和元件开发、水下密封研究、耐压舱及传感器设计、计算机控制系统及通信方式的研究和开发。"海蟹"号水下六足步行机器人是具有19个自由度的六足步行仿生机构。在初步实现水下行走的同时，还能够进行简单的操作及水下观察作业。整机的驱动控制系统是计算机控制的液压伺服系统，实现了对凸凹不平地面的自

① 中国科学院沈阳自动化研究所. 国家"七五"攻关课题水下六足步行机器人——"海蟹"号模型机研制报告. 中国科学院沈阳自动化研究所综合档案室. 1990-12.

适应控制，属国内首创，具有良好的工程应用前景。该研究填补了国内空白，在速度和潜深指标上超过了国外同类机型水平。但该课题的主要研制人员，此后都转向了水下机器人之外的研究领域。

"海蟹"号水下六足步行机器人技术复杂，传统的浮游机器人一般只有4个回路，而水下步行机器人需要13个回路、27个传感器；同时，水下步行机器人是知识和技术密集型系统，包括机构、结构、驱动、传感、密封耐压、信息传输和计算机控制等多项技术集成。该型机器人的研制，一是为了满足我国水下工程的迫切需要，二是该技术在当时是智能机器人的先进技术，它是继轮式机器人之后的又一项重大突破。但该机仍是模型机，需要进一步工程化，尚无法满足实际应用的需要。

1991年，获第六届全国发明展览会金牌奖（证书编号：91-003）。1994年，获中国科学院自然科学奖三等奖，获奖人有原培章、李小凡、胡炳德、赵明扬[1]。

➢ 3.1.5 "海潜"号遥控水下机器人

1989—1993年，为满足海上防救的需求，沈阳自动化所共开发了2套"海潜-1-300"号水下机器人和5套"海潜-1-100"号小型水下机器人[2]，统称"海潜一号"遥控水下机器人。"海潜-1-300"号水下机器人是一个质轻、高效及高机动性能的观察型水下机器人。它在水上、水下真空密封与硫化技术、自动检测与保护技术、信息采集与处理技术、通信与显示技术、中继器与吊放技术等方面都有创新，是可替代进口产品的开拓性研究成果。2套装备均在海上使用，性能良好。

"海潜-1-100"号水下机器人是技术先进、功能齐全的小型实用水下机

---

① 中国科学院沈阳自动化研究所. 中国科学院沈阳自动化研究所所志（第二卷B，1986—2002）（内部资料）. 2004：230.

② 中国科学院沈阳自动化研究所. 中国科学院沈阳自动化研究所所志（第二卷B，1986—2002）（内部资料）. 2004：145.

图 3-7 "海潜二号"遥控水下机器人

器人，它体积小、重量轻、观察能力强，操作灵活方便，可靠性高。

为满足我国石油作业平台的保障需求，在"海潜一号"的基础上，沈阳自动化所又成功研制出了"海潜二号"遥控水下机器人（图3-7）。它是一种中型作业型遥控水下机器人，在功率、控制、作业能力等方面进行了全面的技术升级，尤其适合在海上石油平台服务，能在水下环境中进行多种作业。它除了可以应用于海洋石油开发，亦可广泛地应用于打捞沉船、沉物、水下检测、海洋环境调查和海洋工程等领域。该型水下机器人长期在海上石油平台上服务，工作过的海上油田平台包括文昌、陆丰、番禺、平湖等，主要开展钻井支持、油气田平台导管架检测、油田海底管线检测和海底调查等。2015年，"海潜二号"参加了中央电视台"重塑甲午魂"水下考古电视直播活动，对水下沉船现场进行视频采集并为潜水员提供水下作业的安全保障，为中央电视台后续直播提供了有力支持，获得了中央电视台和考古队员们的高度评价和认可。

"海潜一号"水下机器人被评为1991年中国十大科技新闻之一，受到普遍关注。1993年，获中国科学院科技进步奖二等奖，主要完成人包括燕奎臣、李宝嵩、牛德林、裴庆家、张全我、梁景鸿、周纯祥、任淑燕、李俊鹏[①]。

3.2 20世纪90年代重要项目

进入20世纪90年代，根据海洋开发的不同要求，对海底电缆铺设、水面救助、水下作业等多个应用领域开展研究，分别研制了不同类型、不同用途的水下机器人。为加快水下机器人的研制步伐，缩小与国际水平之间的差距，沈阳自动化所开始加大技术引进消化的力度，更加积极地开展与国外的合作，同时在研究方向上转向新的前沿——自主水下机器人，"制定了向深和远两个方向发展的三阶段战略目标，即潜深300米（后经评审改为1000米）、6000米和航程大于100公里"[②]，这些目标均按计划得以实现。

在此期间代表性的重要工程技术项目就是与俄罗斯科学院远东分院海洋技术问题研究所联合设计的"CR-01"自治水下机器人，型号中的C代表中国（China），R代表俄罗斯（Russia）。当然，这期间的自主研制工作也从未停止，因为没有一定的"本钱"，人家也很难与我们合作。

➤ 3.2.1 "探索者"号自治水下机器人

"探索者"号自治水下机器人（图3-8）是国家"863计划"高技术自动化领域的课题，由沈阳自动化所、中国船舶重工集团公司第702研究所、中

---

① 中国科学院沈阳自动化研究所. 中国科学院沈阳自动化研究所所志（第二卷B，1986—2002）（内部资料）. 2004：228.

② 封锡盛. 回顾过去成绩斐然 展望未来任重道远. 中国科学院沈阳自动化研究所50年纪念册（内部资料）. 2008：71.

国科学院声学研究所、哈尔滨船舶工程学院、上海交通大学等单位联合研制。

"探索者"号是我国自行研制的第一台自治水下机器人，主要应用于防险救生作业和海底资源考察，比如在指定海域进行搜索，对失事目标进行拍照、录像，以及对失事海域现场要素进行测量。"探索者"号"除了个别部件购自国外，其余均为国内自主研制，在总体集成、载体设计、流体动力学、推进、自主控制、导航、多种声呐、传感器等方面取得了一大批自主创新成果，通过水声信道传送视频和声呐图像及基于水下视觉导引的全自动水下对接回收方法研究，在当时是很前沿的研究工作，引起国外的关注"①。"探索者"号于1994年9月中至11月初，在中国南海进行了为期四十多天的海试，完成了所有技术指标的海上测试。

图 3-8　总设计师封锡盛与"探索者"号自治水下机器人

1995年，"探索者"号自治水下机器人获中国科学院科技进步奖一等奖，主要完成人包括封锡盛、徐芑南、朱维庆、王棣棠、王惠铮、徐凤安、徐玉如、梅家福、李庆春、黄根余、刘伯胜、郭廷志、汪玉玲、康守权、梁景鸿②。

① 封锡盛. 回顾过去成绩斐然 展望未来任重道远. 中国科学院沈阳自动化研究所50年纪念册（内部资料）. 2008：71.
② 中国科学院沈阳自动化研究所. 中国科学院沈阳自动化研究所所志（第二卷 B，1986—2002）（内部资料）. 2004：229.

➢ 3.2.2 "CR-01""CR-02"自治水下机器人

1992年6月起,蒋新松率领沈阳自动化所团队,开始与俄罗斯科学院远东分院海洋技术问题研究所开展合作研制6000米级自治水下机器人。

1995年8月,"CR-01"自治水下机器人(图3-9)研制成功。这是我国继自行研制成功"探索者"号自治水下机器人后,开展的又一项重大科研项目,使我国机器人的总体技术水平跻身于世界先进行列,我国成为世界上拥有潜深6000米的自治水下机器人的少数国家之一。其曾先后两次参加中国大洋协会组织的太平洋洋底锰结核的调查工作(图3-10),取得了大量宝贵的数据资料,表明我国对占地球海洋面积97%的海洋具有了勘察能力。"'CR-01'自治水下机器人"被评为1997年中国十大科技进展之一。

图3-9 "CR-01"自治水下机器人

在"CR-01"自治水下机器人的基础上,为了进一步适应海底资源调查的需要,2000年在"863计划"支持下,沈阳自动化所又牵头组织研制了"CR-02"自治水下机器人。这是一项多学科交叉、多种高新技术集成、院

图 3-10 "CR-01"海试团队在"大洋一号"船上合影
（1997 年 6 月 24 日，李一平提供）

内外多个单位和俄罗斯专家参与研制、面向应用的高技术课题；是我国自主研制的第二台深海（6000 米级）自治水下机器人，主要用于复杂地形下的海洋调查，包括深海考察、水下摄像、照相、海底地势及剖面测量、水文测量、深海多金属结核勘查、深海富钴结壳调查和开发区内考察等；在双桨对转推进器、控制器、探测声呐等方面有较大的技术突破，曾先后在抚仙湖和南海完成湖海试验。与其他的自治水下机器人相比，"CR-02"有独特的优点：可以在深海海山区复杂地形中爬坡、避障，进行微地貌测量，从而使其具有更加广泛的应用前景。

"CR-02"自治水下机器人课题由沈阳自动化所总体负责，联合中国船舶重工集团公司第702研究所、中国科学院声学研究所、哈尔滨工程大学、南京大学、上海交通大学等单位，共同研制完成。

上述相关研究，以"无缆水下机器人的研究、开发和应用"为研究成果，于1998年获国家科学技术进步奖一等奖，主要完成人包括蒋新松、封锡盛、徐芑南、朱维庆、徐凤安、王惠铮、王棣棠、黄根余、刘伯胜、张惠阳、康守权、潘峰、李硕、林扬、吴幼华[1]。

➢ 3.2.3 "海星"号自走式海缆埋设机

自走式海缆埋设机在水深不大于100米，底质为淤泥、泥沙、沙、硬泥的浅海区、潮水区、拍岸浪区，将海缆及中继器、接头盒等硬设备全程埋设至海底面之下。它可以完成海底故障修复段跟踪埋设、跟踪检查海缆埋设深度并视需要进行加深埋设。在进一步扩充设备后，能完成海缆故障检查、定位、切割和配合母船栓系提升缆等任务[2]。

自走式海缆埋设机即"海星"号（图3-11）于1997年项目启动，1998年2月，沈阳自动化所提交了"TSP-901型自走式海缆埋设机"研制方案，通过有关部门和专家的评审，一致认为自走式海缆埋设机是诸多高技术的集

图 3-11 "海星"号自走式海缆埋设机

---

① 中国科学院沈阳自动化研究所. 中国科学院沈阳自动化研究所所志（第二卷 B, 1986—2002）（内部资料）. 2004: 225.

② 中国科学院沈阳自动化研究所. 中国科学院沈阳自动化研究所所志（第二卷 B, 1986—2002）（内部资料）. 2004: 148.

合，技术难度大，系统复杂，是填补国内空白、跟踪国际先进技术发展的项目，它的研制具有显著的经济和社会效益，对国民经济发展具有重要意义，制定的研制方案技术先进、合理可行、满足技术指标要求。

"海星"号在研制过程中，攻克了诸多关键技术，包括软地质爬行技术、水下缆线自动检测与跟踪技术、高电压动力输送技术、复杂的液压系统和操作灵活的载体结构、动力单元、自动驾驶等。"海星"号提供了一套性能良好的工程实用样机，2002年检验合格出研究所。

自走式海缆埋设机于2004年获辽宁省科学技术进步奖一等奖，主要完成人包括张艾群、张竺英、王晓辉、林扬、刘子俊、曾达人、康守权、董秀春、张将、孙斌、高云龙①。

➤ 3.2.4 "飞鱼"号水面救助机器人

1999年，针对恶劣海况下向遇险船舶投递导引缆绳和向落水人员快速送递救生圈的实际需求，沈阳自动化所开始研制一种用于拖带导引缆绳和救生圈的水面救助机器人。该型机器人采用流线型上下双体分体结构，可避免推进器在大涌、大浪时被抬出水面。由水面操纵控制盒采用无线电遥控方式对载体在水中的运动进行控制，为了增加稳定性，选用双对转型螺旋桨，以控制载体的平稳度。

"SR-01"水面救助机器人即"飞鱼"号（图3-12）经过多次湖试和海试，具有很好的可控性、起动快、航速连续可调、运动平稳、左右转弯灵活等特点。它的应用可扩展到大规模海水浴场的

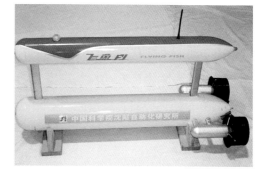

图3-12 "飞鱼"号水面救助机器人

---

① 中国科学院沈阳自动化研究所水下机器人研究室知识库. http://ir.sia.cn/handle/173321/12132 [2021-12-28].

紧急救助，港口码头、航道上定期隐蔽性监视游弋，近距离处置水面危险物等方面[①]。

水面救助机器人主要完成人包括燕奎臣、刘子俊、王晓辉等[②]。

➤ 3.2.5 YQ2型遥控水下机器人

图3-13 YQ2型遥控水下机器人

YQ2型遥控水下机器人（图3-13）是一种中型框架结构作业型水下机器人，可以作为船上的固定设备或机动设备安装在水上平台使用。应用范围包括：海上石油勘探与开发、海上救助打捞、水电站及码头检查、科学考察和各种水下作业工程。

YQ2型遥控水下机器人执行搜索、观察和作业等水下任务，其主要设备包括控制室、吊放系统中继器、本体及作业机具，配备有水下摄像机、声像声呐、水下机械手和剪切器、清洗刷和夹持器等多种作业工具。在技术上采用了高效电推进器、配备双水下机械手和多种水下作业工具以及水下高效液压系统、先进的控制技术和模块化设计以及作业技术，使该水下机器人具有较高的可靠性和可维护性，可完成水下复杂作业。

在上述技术指标和功能基础上，后续的YQ2L型遥控水下机器人增加了作业工具，如夹持器、海水冲洗器，以用于清除作业表面污物。其指标进一步有所提高，还增加了缆绳释放器、砂轮切割器等精准作业工具，在海上试

---

① 中国科学院沈阳自动化研究所. 中国科学院沈阳自动化研究所所志（第二卷B，1986—2002）（内部资料）. 2004：148-149.

② 中国科学院沈阳自动化研究所水下机器人研究室知识库. http://ir.sia.cn/handle/173321/14425 [2021-12-28].

验及救捞作业中发挥了重要作用①。

1997年，YQ2型遥控水下机器人获中国科学院科技进步奖二等奖。主要完成人包括张艾群、徐凤安、康守权、张仁存、郭占军、梁景鸿、张竺英、关玉林、张将②。

3.3 21世纪以来重要项目

进入21世纪，在引进、消化、吸收的基础上，沈阳自动化所步入自主创新的新发展阶段，逐步形成了以"海翼""潜龙""探索""海斗""海星"等装备为代表的系列海洋技术装备，构建了我国具有全部自主知识产权的海洋机器人技术体系，使我国拥有了对深海、大洋、极地和深渊的探测能力。

在单体技术成熟的基础上，沈阳自动化所在国内率先开展了系列多海洋机器人集群组网立体观测，在国内率先开展空海一体化协同观测试验，实现了综合观测探测能力的跨越式提升，取得了一批有国际影响力的成果，引领了我国海洋机器人技术的发展，为推动我国海洋科技进步、发展海洋经济、保障海洋权益和建设海洋强国发挥着重要作用。

➤ 3.3.1 "海翼"系列水下滑翔机

"海翼"系列水下滑翔机是结合海洋科学研究对精细、实时观测数据的需求，由我国自主研发的依靠浮力驱动的新型自主水下机器人。在科技部、中国大洋协会、中国科学院等单位的支持下，"海翼"已经形成了300、1000、

---

① 中国科学院沈阳自动化研究所. 中国科学院沈阳自动化研究所所志（第二卷 B，1986—2002）（内部资料）. 2004：145.

② 中国科学院沈阳自动化研究所. 中国科学院沈阳自动化研究所所志（第二卷 B，1986—2002）（内部资料）. 2004：230.

4500、7000米级系列化实用平台。

3.3.1.1 "海翼300"水下滑翔机

近海、沿海区域与人类活动以及渔业、航运生产具有更为密切的关系，因此对浅海区域的水文观测具有重要意义。我国近海、沿海有水文连续观测的需求。我国东海、南海、黄海等海域存在大片浅水区域，其水深均不超过300米。对于水下滑翔机而言，在浅海区域观测要求滑翔机具备快速响应能力、良好的航行控制能力与避碰防触底功能。

2012年，"海翼300"水下滑翔机开始研制，2013年，建造完毕并完成湖上试验，于2014年完成海上试验。"海翼300"水下滑翔机主体采用铝合金结构，重量约为65千克；采用快速浮力调节技术来实现滑翔机的下潜和上浮运动，上浮下潜转换过程不超过1分钟；采用俯仰调节机构来实现纵倾角的改变，采用微型舵机来实现转向功能，转向响应速度快；基本配置为CTD，可扩展搭载浊度&溶解氧、叶绿素传感器，也可根据科学需求配置硝酸盐等传感器，特别适合近海、海峡、岛屿附近的水文自主观测，也适合深海中的上层水体观测。

3.3.1.2 "海翼1000"水下滑翔机

2009年，我国第一台水下滑翔机海试样机——"海翼1000"（图3-14）研制成功。水下滑翔机的主要功能是通过搭载测量传感器，可以完成对特定海区的大范围持续观测任务，具有制造成本和维护费用低、可重复利用、投放回收方便等特点，主要用于海洋环境监测，可有效提高海洋环境的空间和时间测量密度。

水面监控系统由高性能便携式控制系统和水面控制单元组成，通过卫星和无线通信链路与水下滑翔机本体进行通信，实现对一台或多台水下滑翔机的远程监控，具有信息显示、任务规划、编辑、下载等功能。

图 3-14 "海翼 1000"水下滑翔机

3.3.1.3 "海翼 4500"水下滑翔机

围绕大洋多金属硫化物资源调查任务的需求，对水下滑翔机的作业模式进行升级，使其具有在近底100—400米高度进行小锯齿波状航行的能力，可获取热液异常数据，具备热液异常普查能力，这是多金属硫化物资源调查的一项技术创新，对于提高多金属硫化物资源调查的工作效率意义重大，并具有显著的经济效益。

结合我国大洋矿区环境实际观测需求，4500米级水下滑翔机于2017年由中国大洋协会立项开始研制，2018年10月在南海首次进行海上试验，并完成了载体性能指标验收工作。2020年2月，两台4500米级水下滑翔机（后由中国大洋协会命名为"翼龙4500"）跟随大洋第58航次在西南印度洋矿区首次完成了热液硫化物矿区应用性观测任务，这标志着4500米级水下滑翔机已经进入实用化水平阶段。

该型水下滑翔机采用了碳纤维复合材料耐压结构、自适应浮力补偿系统、一体化总体结构技术方案等多项创新性技术，除具备常规水下滑翔机锯齿形剖面作业能力外，还具备近底连续多周期精细观测功能，通过其搭载的甲烷、浊度计、氧化还原电位可以对非浮升热液羽流进行大范围普查，以此示踪深海热液异常点同时寻找伴生的多金属硫化物。

3.3.1.4 "海翼7000"水下滑翔机

2014年，围绕国家"海斗深渊"计划对深渊水体的垂直剖面连续观测的需求，尤其是对6000米至7000米水层水体的观测，在中国科学院"海斗深渊前沿科技问题研究与攻关"战略性先导科技专项的支持下，沈阳自动化所开展了7000米级滑翔机研究，结合专项实际观测任务开展系统的海上试验、试用和应用工作。

"海翼7000"水下滑翔机采用碳纤维复合材料耐压舱体与钛合金球壳封堵为主体耐压结构，实现了系统的轻质小型化；采用深海浮力调节技术来实现滑翔机的下潜和上浮运动，使运动速度可控；采用俯仰调节机构来实现纵倾角的改变，采用横倾调节机构来实现横倾角的改变，并配合固定翼实现转向功能；基本配置CTD传感器，可根据不同的科学需求扩展不同传感器，可获得0—7000米深度的水文科学数据，适合深海深渊水文自主观测。

2017年3月，"海翼7000"水下滑翔机在TS03航次马里亚纳深渊科考中的最大下潜深度达到了6329米，创造了水下滑翔机最大下潜深度的世界纪录。2018年10月，2台"海翼7000"水下滑翔机在TS09航次马里亚纳深渊科考中成功应用，标志着7000米级水下滑翔机达到实用化水平，成为目前国际上唯一具备7000米深、连续观测作业能力的水下滑翔机。

2019年，52台"海翼"集群在南海北部成功组网协同观测应用，达到国际最大规模。2020年，国际首款10千克级水下滑翔机研制成功并完成海上试验，实现从技术跟踪到技术创新的重大转变。

"海翼"水下滑翔机先后参加了十余次国家海洋科考航次，累计完成海上观测8000多天、航程18万多千米，获得剖面数据6万多条，应用海域遍布东海、南海、太平洋、印度洋和白令海等，创造了水下滑翔机最大下潜深度、最远航程、最长作业时间等多项国际、国内纪录，首次揭示了海洋中尺度涡旋、西太平洋黑潮水体、白令海陆坡流区、南海西边界流等精细结构，显著提升了我国海洋实时立体观测能力，为我国开展中尺度动态海洋过程研究、海洋环境实况保障与精细化海洋环境预报，提供了核心数据支撑。

2018年，"海翼"入选习近平主席新年贺词，同时入选两院院士评选的2017年中国十大科技进展新闻。"海翼"水下滑翔机研究集体荣获2019年度中国科学院杰出科技成就奖，研究集体突出贡献者包括：俞建成、李硕、金文明；研究主要完成者包括黄琰、罗业腾、王旭、谭智铎、王瑾、乔佳楠、王启家、陈质二、田宇、赵文涛、刘世杰、谢宗伯[①]。

➤ 3.3.2 "潜龙"系列自主水下机器人

"潜龙"系列自主水下机器人（图3-15）是面向我国深海资源大范围精细探测需求研制的具有自主知识产权的无缆水下机器人，具有微地形地貌探测、海底照相、水体探测等多种探测能力。研究团队突破了无人无缆水下机

图3-15 "潜龙"系列自主水下机器人

---

① 中国科学院. 中国科学院关于授予2019年度中国科学院杰出科技成就奖的决定. 科发规字〔2019〕108号. 2019-12-23.

器人总体集成、高精度控制、深海导航与定位、深海探测等关键技术，在我国首次实现了深海近底地形地貌、浅地层结构、海底流场和海洋环境参数的综合精细调查应用。

近十年来，沈阳自动化所成功研制了"潜龙一号"、"潜龙二号"、"潜龙三号"和"潜龙四号"，并相继参加了大洋第29、第32、第40、第43、第48、第49、第52、第57和第58航次，海域遍及南海、太平洋、印度洋、大西洋，对锰结核区、多金属硫化物区、富钴结壳区开展了资源勘查，填补了我国深海资源自主勘查实用技术的空白。

3.3.2.1 "潜龙一号"自主水下机器人

"潜龙一号"是由中国大洋协会立项支持研制的我国具有自主知识产权的首台实用型6000米自主水下机器人深海装备，它以海底多金属结核资源调查为主要目的，可进行海底地形地貌、地质结构、海底流场、海洋环境参数等精细调查，为海洋科学研究及资源勘探开发提供必要的科学数据。

于2011年立项研制，由沈阳自动化所负责技术总体，联合中国科学院声学研究所、哈尔滨工程大学等单位共同完成。2013年10月，结合大洋第29航次任务，以实际探测应用为目标，全面检测了"潜龙一号"的各项性能，在东太平洋中国大洋协会多金属结核勘探合同区内的详细勘探区，开展了应用性试验。2014年9月，在大洋第32航次中，"潜龙一号"在太平洋成功实施了9个潜次的下潜任务，同年入选"中国十大海洋新闻"和"中国十大海洋事件"。

"潜龙一号"的成功研制，使我国具有了对占世界海洋面积97％的海域进行大范围精细探测的能力，标志着我国深海资源勘查装备已达到实用化水平，使我国的深海自主水下机器人技术及产品跨入了国际先进行列。

3.3.2.2 "潜龙二号"自主水下机器人

2011年8月，中国大洋协会在西南印度洋获得了1万平方千米的多金属硫化物资源勘探矿区。当时国内尚缺乏实用的多金属硫化物资源勘探装备，这在一定程度上影响了我国对国际海底多金属硫化物资源勘查的深度和广度。

围绕多金属硫化物资源勘查，"潜龙二号"作为"十二五"国家"863计划""深海潜水器技术与装备"重大项目的课题于2011年正式立项。该课题由中国大洋协会办公室牵头，沈阳自动化所为技术总体单位，国家海洋局第二海洋研究所为探测技术负责单位，联合中国科学院声学研究所等国内技术优势单位共同研制。

"潜龙二号"是我国具有完全自主知识产权的深海资源勘查型自主水下机器人，其从立项之初就肩负着特殊的使命和任务，于2014年研制成功。2015年12月至次年3月，赴我国西南印度洋多金属硫化物资源勘探矿区进行海试验收试验，同时圆满完成大洋第40航次科考任务。2017—2020年，完成大洋第43、大洋第49和大洋第58航次应用任务。"潜龙二号"研制以来，总计完成了近60次海上下潜，水下工作时间近千小时，获得了近几百平方千米的高分辨率深海磁测数据、全覆盖高精度地形地貌数据和水体异常数据以及超过万张近底高清晰相片，发现了数十处热液异常及疑似热液异常点。

"潜龙二号"的成功应用，标志着我国已成为世界上拥有这项技术的少数国家之一，这是我国深海高技术装备赶超世界先进水平的重要里程碑，同时也标志着我国自主研发深海勘探型水下机器人开始步入实用化、常态化应用阶段。这是"潜龙"入海成功迈出的坚实一步，也是我国建设海洋强国过程中深海科技腾飞的一大步。

3.3.2.3 "潜龙三号"自主水下机器人

"潜龙三号"是在"潜龙二号"的成熟技术基础上研制的一套具备微地貌成图、温盐深剖面探测、甲烷探测、浊度探测、氧化还原电位探测、海底照相以及磁力探测等热液异常探测功能的4500米级自主潜水器，主要满足大洋矿产资源勘查和海洋科学研究的需求，以完成在大洋申请矿区的多金属硫化物资源调查任务为主。该课题由中国大洋协会立项，沈阳自动化所为技术总体责任单位，由自然资源部第二海洋研究所负责探测载荷分系统的研制。

2016年课题立项，2018年，完成南海验收海试及试验性应用，在天然气水合物区、多金属结核试采区和环境参照区完成了2潜次试验性应用任务。

2019年，先后参加并完成了中国大洋第52航次和第57航次科学考察任务，这是我国首次利用自主水下机器人在南大西洋洋中脊开展深海资源调查，同时在南大西洋新发现多处海底热液异常区。

3.3.2.4 "潜龙四号"自主水下机器人

"潜龙四号"在此前"潜龙"系列深海自主水下机器人的基础上，通过搭载声学探测载荷、光学探测载荷、水文等传感器，获取了深海资源勘查所需的海底地形与地貌资料、海底底质资料、影像资料和水文参数资料等数据，进一步提升了大洋综合资源调查船的综合调查能力和效率。

于2018年开始研制，2019年研制成功。系统采用了模块化的设计理念，所搭载的声学、光学和水体等探测载荷可以根据任务的需要进行模块化自由换装。"潜龙四号"突破折臂吊收放自主水下机器人技术，结合"大洋号"船折臂吊机实际情况，通过加装缓冲止荡装置，实现了收放过程中的自动止荡，充分提高了布放回收时的安全性和作业效率。

2020年，"潜龙四号"和"潜龙一号"搭乘"大洋号"科考船联合完成2020太平洋科考航次任务。

以"复杂地形下深海资源自主勘察系统关键技术研究与应用"作为研究成果，"潜龙二号"获2018年度海洋工程科学技术奖一等奖，主要完成人有刘健、李波、赵宏宇、张金辉、徐会希、张国埕、曹金亮、潘子英、李向阳、李硕、许以军、章雪挺、吴涛、徐春晖、王晓飞等[①]。

➤ 3.3.3 "探索"系列自主水下机器人

"探索"系列自主水下机器人是面向海洋环境探测、水下观测和海洋科学研究需求研制的具有自主知识产权的无缆自主水下机器人，工作水深100米至4500米，具备航行、潜伏及休眠等多种工作模式，具有良好的可扩展性和机

---

① 中国科学院沈阳自动化研究所水下机器人研究室知识库. http://ir.sia.cn/handle/173321/28170 [2021-12-28].

动性，完善的故障检测与应急机制，可根据用户需求搭载不同探测传感器完成各种海上应用，是我国重要的海洋观测技术装备。沈阳自动化所在科技部和中国科学院的支持下，研制了海洋科学研究型的"探索"系列自主水下机器人。

3.3.3.1 "探索100"自主水下机器人

在"十二五"期间，沈阳自动化所在国家"863计划"的支持下，开始了"探索100"自主水下机器人的研制，最终于"十二五"末成功研制了两台工程样机，并进行了多次湖上和海上试验，所有指标都通过了科技部组织的第三方验收，在国内处于领先水平。"十三五"期间，在重点研发计划的支持下，开展了"探索100"的组网和应用研究，目前已成功研制出8台可组网的"探索100"，单次航程突破百千米，与国际同类产品指标相当。

"探索100"（图3-16）是针对海洋生物、化学、物理等多种要素高时空分辨率、立体组网观测需求的便携式自主水下机器人。经过多次湖上及海上试验，"探索100"的技术成熟度日益提高，已成功应用于冷水团入侵、岬角涡旋、海洋声场环境测量以及青藏高原科考；并通过水下组网通信，多台"探

图3-16 "探索100"自主水下机器人

索 100"自主水下机器人实现了自主编队，协同搜索等演示验证。

3.3.3.2 "探索 1000"自主水下机器人

在中国科学院战略性先导科技专项（A 类）"热带西太平洋海洋系统物质能量交换及其影响"专项"深海探测设备研发"项目的支持下，沈阳自动化所于 2013 年开始研制"探索 1000"自主水下机器人。2015 年，"探索 1000"成功研制并在南海完成大深度剖面潜浮与航行试验。

"探索 1000"是具有自主知识产权的长期定点剖面海洋要素观测系统。系统主要功能包括自主航行控制、潜浮控制、定点悬停与休眠、定点剖面海洋要素观测、水面遥控回航、铱星定位与通信、探测数据铱星无线回传等功能。其主要工作模式有两种：一是在指定海域实施长期定点周期性探测作业；二是航渡到不同观测点进行多站位走航式探测作业。

"探索 1000"自主水下机器人成功在我国渤海、黄海、东海和南海试验，参加了中国第 35 次和第 36 次南极科考任务，成为我国首台参加南极科考的水下机器人，为我国执行极地海洋环境多要素综合调查提供了技术支撑，同时也助推了极地高科技科考装备的研制和相关核心关键技术的发展。

3.3.3.3 "探索 4500"自主水下机器人

在中国科学院战略性先导科技专项（A 类）"热带西太平洋海洋系统物质能量交换及其影响"专项"深海探测设备研发"项目的支持下，沈阳自动化所于 2013 年开始研制"探索 4500"自主水下机器人。2016 年，"探索 4500"成功研制并在南海完成验收试验和示范性应用。

"探索 4500"（图 3-17）为我国首台深海科学研究型自主水下机器人，集成微地形地貌测量、近海底光学拍照、水体异常探测等功能，满足深海热液活动区和冷泉区精细探测的需求。2017 年 7 月南海综合调查航次中，"探索 4500"在我国南海冷泉区开展大面积海底地形地貌精细探测和海底光学调查，获取了近海底水体探测数据和高清光学照片。2019 年，"探索 4500"成功完成了"海洋六号"深海探测共享科考航次任务，在联合调查中发挥了重要作

图 3-17 "探索 4500"自主水下机器人

用，为发现新的海底大型活动性"冷泉"，查明其分布范围、生物群落及流体活动等奠定了基础。

➢ 3.3.4 "海斗"系列自主遥控水下机器人

3.3.4.1 "海斗"号自主遥控水下机器人

2014年，在中国科学院"海斗深渊前沿科技问题研究与攻关"战略性先导科技专项的支持下，沈阳自动化所开展"海斗"号全海深自主遥控水下机器人研制工作，简称"海斗"号（图3-18）。

"海斗"号为我国首台万米级全海深水下机器人，创造并保持了我国深海领域多项第一。2016年、2017年和2018年，连续三年参加马里亚纳海沟深渊科考航次，取得瞩目成果。11次到达万米以下深度，最大下潜深度10 905米，创造了我国水下机器人最大下潜及作业深度纪录，标志着我国无人潜水

图 3-18 "海斗"号自主遥控水下机器人

器进入了一个全新的万米科考时代。

"海斗"号突破了全海深无人潜水器关键技术,具备了全海深机动探测能力;获得我国首批全海深温盐数据和高清视频直播影像;实现了我国首次万米深渊海底巡航探测应用。2016年,"海斗"号获两院院士评选的"中国十大科技进展新闻"。

3.3.4.2 "海斗一号"自主遥控水下机器人

2016年,在国家重点研发计划"全海深自主遥控潜水器(ARV)研制与海试"项目的支持下,沈阳自动化所牵头联合国内十余家科研单位开始研制"海斗一号",它是一款具有完全自主知识产权、集探测与作业一体化设计和多种操控模式相结合的全海深装备,旨在为我国深渊科学研究提供一种先进的全新技术手段,是中国第一台作业型万米级全海深水下机器人。2020年6月,"海斗一号"在马里亚纳海沟实现4次万米下潜,最大下潜深度达10 907米,刷新了我国潜水器最大下潜深度纪录,开创了我国无人潜水器领域多项第一，在全海深电动机械手作业、自主遥控多模式操控、探测作业一体化设计、高精度导航定位、全海深高清成像及实时传输等方面取得多项技术创新，达到国际先进、国内领先水平。

"海斗一号"作为中国海洋科技领域的一个里程碑，填补了中国及当前国际上作业型全海深水下机器人的空白，标志着中国无人潜水器跨入全海深探测作业的新时代，推动了中国万米无人潜水器技术跨越式前进和发展。2020年，"海斗一号"荣获中国国际工业博览会大奖。

➤ 3.3.5 "海星6000"遥控水下机器人

截至"十二五"末期，我国4500米级潜水器体系已形成，但6000米级潜水器体系中的遥控水下机器人仍属空白，国外6000米级遥控水下机器人在深海科考和打捞等领域发挥着重大作用。

在中国科学院战略性先导科技专项的支持下，2015年，沈阳自动化所牵头研制我国首套6000米深海科考型遥控水下机器人系统——"海星6000"，可近海底长期开展深海环境和生物调查、极端环境原位探测和矿产资源取样开发等科考及打捞作业。"海星6000"遥控水下机器人（图3-19）的研制突破了超长铠装缆的实时状态监控与安全管理、自适应电压补偿的长距离中频高压电能传输、近海底高精度悬停定位以及广播级高清视频无损实时传输技术等关键技术。

2017年9月，"海星6000"遥控水下机器人系统完成首次深海试验；2018

图3-19 "海星6000"遥控水下机器人

年10月，完成6000米综合科考应用，最大作业深度6001米，创我国遥控水下机器人最大下潜工作深度纪录。

"海星6000"遥控水下机器人系统填补了我国6000米级深海遥控水下机器人的空白，使我国跨入世界上少数拥有6000米级遥控水下机器人国家的行列。主要完成人有孙斌、张奇峰、张竺英、李彬、崔胜国、赵洋、祝普强、杜林森、唐实、孔范东、霍良青等[①]。

➤ 3.3.6 "北极"自主遥控水下机器人

极地科考在气候变化、资源开发等方面具有重要的战略意义。常用的极地观测手段是以科考船为平台实施观测，获取的数据单一且有限，北极科考水下机器人的研制，为极地科考和解决北极海洋学研究的难点问题提供了关键的技术支持。

2003年起，沈阳自动化所开展了北极科考水下机器人关键技术攻关、水下机器人研制，以及水下机器人在北极科考中的应用等关键领域的创新工作。突破了高纬度冰下导航等系列关键技术，研制成功了"北极"自主遥控水下机器人，为北极科考提供了一种更大范围、连续、自主、实时冰下观测的技术手段。

"海极"号遥控水下机器人和"北极"自主遥控水下机器人，两代水下机器人已成功开展了四次北极科考应用任务，获取了冰下大范围、空间高分辨率的观测数据，实现了观测方式上的全新突破，提高了观测效率和质量，为北极海冰科学研究提供了重要支撑。

2003年，"海极"号遥控水下机器人参加了我国第二次北极科考，开启了水下机器人应用的新领域，同时也为我国极地科考提供了新的技术手段。

"北极"自主遥控水下机器人是针对极地海冰及冰下海洋环境调查而研制的新型混合式水下机器人，其研究成果对水下机器人技术的发展，特别是新

---

① 张奇峰，孙斌，李智刚. 6000米级遥控潜水器"海星6000"——中国科学院沈阳自动化研究所成果. 科技成果管理与研究，2019（4）：45.

一代混合式水下机器人的研究开发起到了重要的引领作用。

"北极"自主遥控水下机器人（图3-20），全称北极冰下自主遥控海洋环境监测系统，针对北极海冰连续实时观测的科学需求，由"863计划"支持，2007年，沈阳自动化所主持研制，具有完全自主知识产权。

图 3-20 "北极"自主遥控水下机器人

2008年、2010年和2014年，"北极"自主遥控水下机器人三次参加我国北极科考，实现了基于工作艇的北极冰下探测、面向水平断面的连续重复观测和基于长期冰站的连续、持续实时环境监测。获取了大量基于海冰位置信息的海冰厚度、冰下光学和海冰底部形态等多项关键的科学数据，成功实现了冰下多种测量设备的同步观测，为深入研究北极快速变化机理奠定了技术基础。标志着我国自行研制的自主遥控水下机器人已进入应用阶段，为我国北极科考提供了一种有效、连续、实时的观测技术手段和装备。

2016年，"北极冰下自主遥控水下机器人研制与应用"项目获得国家海洋局海洋科学技术奖一等奖，主要完成人有李硕、李一平、李丙瑞、史久新、张艾群、曾俊宝、唐元贵、李涛、雷瑞波、李智刚[①]。

➤ 3.3.7 中国载人潜水器控制系统

3.3.7.1 "蛟龙号"载人潜水器控制系统

7000米载人潜水器即"蛟龙"号，是国家"十五"期间"863计划"重大专项，应用于资源勘探、生态调查、深渊科考等作业领域。中国大洋协会作为业主具体负责"蛟龙"号载人潜水器项目的组织实施，并会同中国船舶重工集团公司第702研究所、中国科学院沈阳自动化研究所和声学研究所等约100家国内科研机构与企业联合攻关，攻克了中国在深海技术领域的一系列技术难关。沈阳自动化所作为主要参研单位，研制了具有自主知识产权的"蛟龙"号控制系统，包括潜水器航行控制、导航定位、综合信息显控和水面监控系统等。结合精细作业需求的运动模式多样及深海环境复杂等难点，"蛟龙"号控制系统团队（图3-21）研发了控制参数在线自动调整的航行控制方法，实现了近海底自动定向、定深/定高和悬停定位等精准操控功能，其针对作业目标的稳定悬停定位功能为国际同类大深度载人潜水器的首创。"蛟龙"号控制系统科研人员亲眼见证了我国载人深潜史上首次突破7000米的伟大历史时刻，他们在太平洋马里亚纳海沟7020米的海底向远在外太空"神舟九号"上的航天员发送了祝福。"蛟龙"号载人潜水器最大下潜深度达到7062米，创造了国际上同类作业型载人潜水器下潜深度的新纪录，使我国具备了在全球99.8%的海底开展科学研究和资源勘探的能力，标志着我国载人深潜技术和能力达到了国际领先水平。

"蛟龙"号控制与声学系统研究集体获中国科学院杰出科技成就奖（2013年），"蛟龙"号载人潜水器获国家科学技术进步奖一等奖（2017年）。其中控制系统主要完成人有王晓辉、郭威、刘开周、张艾群、祝普强、赵洋、崔

[①] 中国科学院沈阳自动化研究所水下机器人研究室知识库. http://ir.sia.cn/handle/173321/20174 [2021-12-28].

图 3-21　迎接"蛟龙"号控制系统主要研制人员合影
（2012 年 7 月 18 日）

胜国、李彬、任福琳、于开洋、俞建成等[1]。

3.3.7.2　"深海勇士"号载人潜水器控制系统

"深海勇士"号载人潜水器（图3-22）是国家"863计划""十二五"期间的重大研制任务，是我国第二台深海载人潜水器，作业能力达到水下4500米。

"深海勇士"号研发团队历经8年持续攻关，在"蛟龙"号的研制与应用基础上进一步提升了中国载人深潜核心技术及关键部件自主创新能力，降低

---

① 中国科学院沈阳自动化研究所水下机器人研究室知识库. http://ir.sia.cn/handle/173321/17095 [2021-12-28].

图 3-22 "深海勇士"号载人潜水器
（中国科学院深海科学与工程研究所提供）

了运维成本，有力推动了深海装备功能化、谱系化建设。"深海勇士"号浮力材料、深海锂电池、机械手全部由中国人自己研制，国产化达到95%以上。

沈阳自动化所作为主要参研单位，负责控制系统研制。从"蛟龙"号到"深海勇士"号，控制系统始终是载人潜水器的核心，控制系统的研制成功表明研究所已构建了完整的控制系统研发及试验验证技术体系，建立了包含航行控制、导航定位、信息显控和水面监控等子系统的控制系统软硬件标准体系和包含数据融合与故障诊断以及全寿命设备管理的运维保障体系。

3.3.7.3 "奋斗者"号载人潜水器控制系统

"奋斗者"号载人潜水器是我国自主研发的首台万米级载人潜水器。2020年11月，在马里亚纳海沟挑战者深渊完成深潜作业，抵达深渊海底并获取大量海底样品，最大下潜深度达到10 909米，创下中国载人深潜新纪录（图3-23）。

沈阳自动化所负责研制的智能化控制系统、作业机械手和电动观测云台

图 3-23 "奋斗者"号载人潜水器

等关键全海深技术装备，为"奋斗者"号实现自主航行控制、精准作业取样、全景科学观测发挥了关键作用。控制系统是载人潜水器的核心，与该所此前研制的"蛟龙"号和"深海勇士"号控制系统相比，"奋斗者"号更加智能、精准和安全。自主研发的两套主从伺服液压机械手，具有多关节自由度，能够完全模拟人手臂的运动功能，可以在深渊环境中运动自如，覆盖采样栏及前部作业区域，具有强大的作业能力，填补了我国应用全海深液压机械手开展万米作业的空白。

此外，自主研发的两部电动观测云台，突破了超高压环境下高精度传动控制、高紧凑度一体化设计等技术，实现了重负载、大扭矩的设计目标。可进行360度全向转动，能够搭载多部科考设备进行水下科学观测。

4

水下机器人专家
学术谱系的构建

一般来说，学术谱系经历了从非师承到师承、由师徒式的师承到师生式的师承的转变，由少到多，枝繁叶茂。纵观沈阳自动化所水下机器人学科的历史发展，也表明并印证了学术谱系的演变过程，而且这种演变仍在持续进行之中。

4.1 代表人物及代际群体特征

➤ 4.1.1 代表人物认定标准

代际划分是学术谱系研究的关键点，也是难点，而最为关键的是代际人物的认定标准。根据我们的研究和理解，将沈阳自动化所水下机器人学科谱系中的代表人物，按如下8条标准加以确定，操作上综合采用各项标准。

即便如此，有些代表人物到底应该认定为"哪一代"仍然具有一定的难度，特别是一些过渡性的人物，他们可能既有"上一代"的特征，也同时具有"下一代"的特征，常常兼具两代人的代际特征。此时，我们主要看其在哪一代所起的作用更大，就将其确认为哪一代。尽管不是主要的，但有时也会适当考虑年龄因素。这8条标准具体如下。

（1）在水下机器人学科发展史上曾发挥重要作用或具有重要影响。如蒋新松，尽管他可能在具体技术开发中参与得并不多，但其远见卓识和出色的管理、组织和协调能力，受到同代人的广泛赞誉。

（2）担任过水下机器人相关研究室（部、中心）的负责人或某一方向、领域的学术（技术）带头人。行政职务不是我们构建学术谱系时关注的重点，但除个别单纯的管理者外，作为学术研究或工程技术开发的带头人，一般均具有很高的学术造诣，也做出了相应的贡献。

（3）重要工程项目的第一完成人。在水下机器人40多年的发展史上，各个时期国家层面或中国科学院都部署了一些重要工程技术项目，这些重要项目的参与者或在其中解决过关键技术的人员，都将被纳入谱系。

（4）曾任副总师以上专用项目的负责人。各个方面的总师或副总师，包括总工程师、总工艺师、总设计师、总质量师等，均为某方面的技术负责人，在推动某一方面的技术发展上，至关重要。

（5）第一代专家应具有副高级及以上技术职称，第二、第三、第四代专家一般应具有正高级技术职称。技术职称是对工程技术人员能力的认可，也是对技术成就的承认，早期技术专家因职称职数的限制，能够取得正高级职称的很少，因而技术职称的含金量更高。

（6）有体现主要学术或技术成就和贡献的专著、论文、专利、重要研究报告等。专著、论文、专利等是学术成就的表征和载体，但工程技术领域有忽视著述的倾向，以及早期的许多重要研究报告因没有公开发表甚至在档案中也没有留存，这在一定程度上影响了对他们所做贡献的评价，尽管我们努力克服这一点，但这方面仍可能不尽如人意。

（7）持续从事水下机器人相关领域研究一般应在10年以上。早期仅沈阳自动化所曾参加过水下机器人研究的人员就有几十甚至上百人，但有些人员参与的时间很短或仅参与过个别项目，这部分人员我们将不列入谱系。

（8）其他重要代表人物，如在人才培养方面或获得过重要奖项的人。

➤ 4.1.2　代际群体特征及代表人物

根据水下机器人学科的历史发展，我们大致将水下机器人专家划分为四代，开始从事水下机器人学科学习或研究的时间段大致为20世纪80年代、90年代和21世纪以来三段。考虑到21世纪以来第三代尚在成长阶段，人数众多（沈阳自动化所已毕业的硕士、博士研究生就有近180人，详见本书附录2），且时间跨度达20年，如果机械地将20年来的代表人物划分为两代并不客观，因此我们将这两代人暂时放在一起加以论述。此外，代际的关系也并非绝对，特别是其中两代人之间的一些过渡人物，如若按交叉重叠的时间长短划分，第一代的燕奎臣、康守权等和第二代的张艾群等在一起共事的时间更长，完全可以放在同一代。

根据上述标准和划分原则，我们将沈阳自动化所40年来的水下机器人学科专家的各代群体特征和代表人物归纳、整理如下。

1. 第一代水下机器人专家群体特征

每一代水下机器人专家都有一些共同特征，作为创业的一代，第一代水下机器人专家的群体特征主要有以下几点。

（1）大多数同志在"文化大革命"前接受过高等教育，一些同志在"文化大革命"期间曾受到过政治运动的冲击。

（2）都是从其他领域转行来参与水下机器人学科研究的（半路出家），最初接受的高等教育都不是水下机器人专业（非专业化）。

（3）20世纪80年代参加过"海人一号"（HR-01）、RECON-Ⅳ系列遥控水下机器人、轻型水下机器人"金鱼"号等重大项目的研制工作。

（4）因当时的学术环境和国家整体科技发展水平的局限，能够体现学术技术成就的专著、论文、专利等较少甚至没有。

（5）大多出生于新中国成立前，20世纪末或21世纪初退休离开了工作岗位。

（6）这代人是中国水下机器人事业的开拓者和奠基人。

第一代水下机器人专家主要代表人物包括：蒋新松［1931—1997，研究员、博士生导师（简称博导）、中国工程院院士］、徐凤安（1939—，研究员）、王棣棠［1936—，研究员、硕士生导师（简称硕导）］、封锡盛（1941—，研究员、博导、中国工程院院士）等。

除上述人员外，按年龄顺序，早期曾参加过我国水下机器人技术研究和管理的专家还有：李俊鹏（1931—1999，男，高级工程师）、朱晓明（1932—，男，高级工程师）、许静波（1933—，女，高级工程师）、朱桂海（1934—，男，高级工程师）、夏春和（1934—2003，男，高级实验师）、毛素银（1934—，女，高级工程师）、曹慧珍（1935—，女，高级工程师）、周纯祥（1935—，女，高级工程师）、周国斌（1935—2021，男，研究员）、邹荃孙（1935—，男，副研究员）、崔殿忠（1935—2012，男，高级工程师）、冯仲良（1936—1988，男，高级工程师）、梅家福（1936—，男，高级工程师）、衣林（1936—2007，男，高级工程师）、赵经纶（1936—，男，研究员）、原培章（1937—，男，研究员）、陈瑞云（1939—，女，高级工程师）、宋克威（1939—，男，研究员）、谈大龙（1940—，男，研究员、博导）、梁景鸿（1940—，男，研究员）、张启文（1940—，男，高级工程师）、牛德林（1941—，男，副研究员）、王甫臣（1943—，男，高级工程师）、张惠阳（1943—，男，高级工程师）、关玉林（1948—，男，高级工程师）、燕奎臣（1950—2012，男，研究员）、康守权（1950—，男，研究员）、杨芦洲（1951—，男，高级实验师）、刘爱民（1954—，男，副研究员）、苏励（1956—，男，出国）、曲刚（1956—，男，调离）、王小刚（1960—，男，研究员，调离）等。其中有人早逝（如冯仲良52岁去世），有些人只是短暂参加了个别水下机器人项目后就回到或改到其他研究领域（如王甫臣、张启文等），有些人主要从事科技管理工作（如曹慧珍、张惠阳）。实际曾参与过水下机器人研究开发工作的远不止这些，"八十年代初，老一代科研人员选定了水下机器人作为发展目标，在此后5年时间里，仅所内先后有超过百名科研人员投身于此"[①]，所以，在此难免挂一漏万，不再一一列举。

本书侧重于水下机器人学科领域的专家，而且重点突出代表人物的技术学术贡献（专著、论文、专利、研究报告等），所以包括行政线上的科研管理人员（如张念哲、纪慎之等），以及提供科研保障和支撑服务人员（如情报专家刘永宽、张海泉、刘海波等）方面的情况未做介绍。尽管如此，我们并不否认他们在水下机器人学科发展史上做出的重要贡献，他们中的每一位都值得我们尊重！

除沈阳自动化所的科研人员外，上海交通大学的黄根余教授、朱继懋教授、顾云冠教授，中国船舶重工集团公司第702研究所的徐芑南研究员（中国工程院院士）、王惠铮高级工程师，中国科学院声学研究所的朱维庆研究

---

① 封锡盛. 回顾过去成绩斐然 展望未来任重道远. 中国科学院沈阳自动化研究所50年纪念册（内部资料）. 2008：71.

员，哈尔滨工程大学的刘伯胜教授等老一代水下机器人专家，都曾与沈阳自动化所有过密切的合作，为我国早期水下机器人事业的发展做出了重要贡献！因资料所限，本书并未将他们纳入其中。

2. 第二代水下机器人专家群体特征

这是承上启下的一代，他们多与第一代水下机器人专家存在事实上的师承（师徒或师生）关系，为培养第三、第四代水下机器人专家做出了重要贡献！

（1）新中国成立后出生，20世纪60年代生人占绝大多数，"生在新社会、长在红旗下"。

（2）1978年恢复高考后，在20世纪八九十年代大学或研究生毕业，接受过水下机器人相关专业（机械、电子、控制等）的系统训练，有些人在研究生时代开始专门学习水下机器人专业，半专业化。

（3）20世纪90年代后期，随着科研工作的需要，一些人虽然开始并非从事水下机器人学科研究，也从其他领域（部门）转向水下机器人研究方向。

（4）参加过"探索者"号、"CR-01"和"CR-02"自治水下机器人、YQ2型遥控水下机器人、"自走式海缆埋设机"等水下机器人重大项目。

（5）与第一代人的短期出国培训不同，部分人员有正式出国学习或参加工作的经历。

（6）目前仍是本领域的学术（技术）带头人和领军人物，有丰富的研究经历和实践经验。

（7）在人才培养方面做出很大贡献，培养的很多学生成为第三代人中的主力。

按开始从事水下机器人研究的时间，其代表人物主要包括：张艾群（1984年,1984年，博导）[①]、张竺英（1985年,1985年）、李一平（1990年,1985年，博导）、林扬（1990年,1990年，博导）、李硕（1992年,1992年，

---

① 括号中的年份分别为开始从事水下机器人研究时间和入所学习或工作时间，后同。

博导）、孙斌（1994年，1987年）、王晓辉（1998年，1998年，博导）、郑荣（2000年,1987年，博导）、刘健（2000年,1989年）、李智刚（2000年，1996年）、郭威（2000年，2000年，博导）等。

此外，李小凡、赵明扬、吴镇炜、张将、姚辰、刘大路、杨雷、李立、郭庭志等也都属于这一代人，都曾参加过水下机器人的研究工作，他们后来或转研究方向，或出国，或调离。目前仍在沈阳自动化所一线工作的还有刘子俊、于开洋等人。单从数量来说，第二代水下机器人专家的人数较第一代更多，在此不再一一列举。

此外，从第二代起，沈阳自动化所培养的研究生开始走向国内其他水下机器人科研和生产单位，如中国船舶重工集团公司第702研究所集团首席专家、"奋斗者"号副总设计师胡震研究员，当年就是沈阳自动化所赵经纶研究员指导的硕士研究生，这部分人也没有填列在沈阳自动化所"海人"谱系之中。

3. 第三、第四代水下机器人专家群体特征

（1）21世纪以来进入沈阳自动化所学习或工作。

（2）大多具有研究生学历，硕士或博士期间受过系统的水下机器人专业训练，在水下机器人谱系化过程中成为科研骨干。

（3）参加过"长航程AUV"、"海极"号、"蛟龙"号、"北极ARV"、"潜龙"系列、"海翼"系列、"海斗"号以及各种新概念水下机器人重大工程项目。

（4）目前已成为本领域研究工作的骨干或学术（技术）带头人，是当前水下机器人事业的中坚力量。

（5）年龄差距较大，从"70后"到"80后"，正在成为人才培养的骨干力量。

（6）具有高学历、专业化或留学背景，正处于科研工作的黄金时期和当打之年。

按开始从事水下机器人研究的时间，其代表人物主要包括：徐红丽（2001年，2001年）、于闯（2002年，1998年）、刘开周（2002年，2002年，博导）、徐会希（2002年，2002年）、胡志强（2002年，2002年，博

导）、祝普强（2002年，2002年）、俞建成（2003年，2003年，博导）、张奇峰（2003年，2003年，博导）、唐元贵（2003年，2003年，博导）、谷海涛（2003年，2003年）、朱兴华（2005年，2005年）、刘铁军（2006年，1993年）、李德隆（2006年，2006年）、田宇（2007年，2007年）等。

第三、第四代尚处于形成和发展阶段，带有一定的不确定性和可塑性，因此将两代人合二为一，暂不做详细地区分。本书仅将截至2020年在沈阳自动化所已取得正高级技术职称的人员作为代表人物，撰写了小传，这代人的数量最多。

➤ 4.1.3 代际群体谱系构建

鉴于水下机器人学科发展中更多地体现为团队特征——常常是一群师傅带一帮徒弟，尤其是在早期，师承关系更多地体现为师徒关系，而不是师生关系（当时很多第一代专家并没有带研究生的机会），其总谱系的构建也必然反映出这种团队特征。

图4-1是沈阳自动化所水下机器人专家按师徒（代际）关系反映的四代传承关系示意图，按师生传承关系的学术谱系以及主要代表人物的学术谱系，将在后文中详细论述。

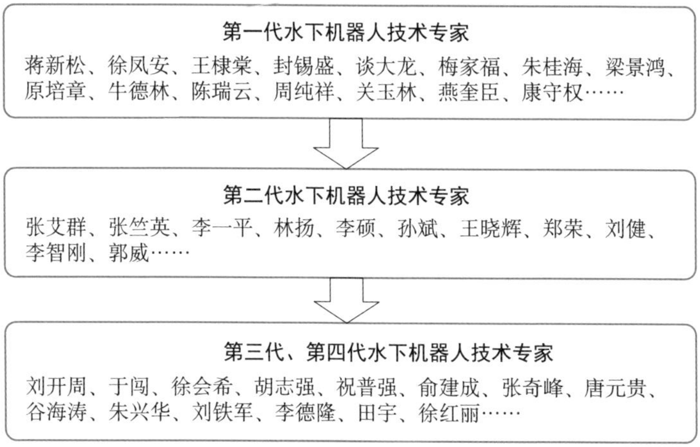

第一代水下机器人技术专家
蒋新松、徐凤安、王棣棠、封锡盛、谈大龙、梅家福、朱桂海、梁景鸿、原培章、牛德林、陈瑞云、周纯祥、关玉林、燕奎臣、康守权……

第二代水下机器人技术专家
张艾群、张竺英、李一平、林扬、李硕、孙斌、王晓辉、郑荣、刘健、李智刚、郭威……

第三代、第四代水下机器人技术专家
刘开周、于闯、徐会希、胡志强、祝普强、俞建成、张奇峰、唐元贵、谷海涛、朱兴华、刘铁军、李德隆、田宇、徐红丽……

图4-1 沈阳自动化所水下机器人专家学术谱系示意图

4.2 第一代主要代表人物学术小传及学术谱系

➤ 4.2.1 蒋新松

蒋新松，男，1931年9月14日出生，江苏省江阴人。1956年9月，毕业于上海交通大学电机系工企电气自动化专业，毕业分配至中国科学院自动化研究所工作。1965年9月，调入中国科学院东北工业自动化研究所（今沈阳自动化所），先后任研究实习员、副研究员、研究室主任。1980年1月，任沈阳自动化所副所长，仅半年后即担任所长，是研究所历史上的首任所长，这年研究所也从县团级单位升格为地厅级单位。1980年7月，加入中国共产党。1984年，荣获"国家有突出贡献中青年专家"奖励及首批政府特殊津贴。1986年5月，晋升为研究员。1994年，当选为中国工程院首批院士。1997年3月30日，因积劳成疾在沈阳猝然离世，享年66岁。

蒋新松主要从事自动控制、人工智能和机器人研究，是我国人工智能与机器人学研究领域的主要开拓者和奠基人之一，其学术贡献和影响力远远超出了水下机器人学科的范围。但本书侧重于其在水下机器人领域的成就，学术谱系的构建也主要以水下机器人领域为主。

蒋新松具有坚实的自动控制理论基础和丰富的自动化工程实践经验。1963—1965年，曾参加兰州石化炼油厂自动化试点工作；1965年，开始承担鞍钢冷轧厂1200轧机自动化试点项目，深入研究了快速工业过程中的各种非线性现象，探索解决途径，先后研制出1200米可逆冷轧机的准确停车、复合张力调节和自适应厚度控制等三个自动化系统，他负责这三个系统的总体设计并解决了关键技术问题。

他在国内最早开展人工智能与机器人学研究，为推动我国人工智能与机器人学研究做出了系统性、创造性的重大贡献。在1977年全国自然科学学科规划会议上，他积极倡导人工智能及机器人研究，主持编写了这部分规划。1980年任所长后，主办全国人工智能研究学习班，多次邀请外国著名人工智能和机器人学专家来华讲学，为我国培养了一批从事人工智能与机器人学研究的学术骨干和带头人。1982年，他提出一种机器人的快速轨迹控制方法，解决了机器人控制的一个关键技术，主持研制了我国第一台计算机控制的示教再现工业机器人，负责机器人控制系统的总体和控制算法设计。创办机器人学术刊物《机器人》杂志并担任主编，同时兼任《信息与控制》杂志主编。

1980年，他以一个战略科学家的眼光提出，"结合中国国情研究特殊环境下工作的机器人，作为中国机器人技术发展的突破口"①，瞄准海洋机器人方向，其突出作用就是作为题目负责人和总设计师领导了中国第一台水下机器人——"海人一号"的研制，组织中国科学院、高等院校、企业及有关部委几十个单位的多学科专家跨行业大协作，攻克多项关键技术，仅用两年多的时间就研制出功能样机并进行了海上试验，对项目论证、组织实施以致最终完成，做出了卓越的贡献。封锡盛院士曾深情地回忆说，"'水下机器人'这杆大旗是蒋新松先生在八十年代初首先在国内树立的，他是引路人和践行者，是我们队伍中的杰出代表，他热爱大海和水下机器人，并为此奋斗到终生。1997年，我们在水下机器人出征的战场上将他的骨灰撒进了太平洋，让大海记下他的功绩，接受他，使他回到人类的故乡"②。

在"海人一号"基础上，他又直接领导并主持了国家"七五"期间的水下机器人产品攻关计划，其典型项目就是从美国佩瑞公司引进、消化、吸收的RECON-Ⅳ遥控水下机器人并将其国产化，最终开发出RECON-Ⅳ-SIA，先后定型生产5台并出口到国外，取得显著的经济效益和社会效益。与此同时，根据国民经济的急需，指导和主持研制出了能适于不同作业的100米、

---

① 宋德忠. 科技帅才蒋新松. 中国科学院院刊，1997（4）：291-293.

② 封锡盛. 回顾过去成绩斐然 展望未来任重道远. 中国科学院沈阳自动化研究所50年纪念册（内部资料）. 2008：70.

300米、小型、轻型、观察型等水下机器人系列产品，如"金鱼"号遥控水下机器人、"海蟹"号水下六足步行机器人。进入20世纪90年代，他又先后领导并主持了"探索者"（总设计师）、"CR-01"等水下机器人重大项目，为我国建立起一支高水平的水下机器人研制队伍。

1986年4月起，蒋新松受国务院科技领导办公室的聘请，参加了"863计划"的制订工作，1987年2月，担任自动化领域专家委员会首席科学家。他提出将自动化领域高技术跟踪的两个前沿——计算机集成制造系统（CIMS）和智能机器人作为"836计划"自动化领域的两个主题，该建议被采纳并获国家批准，在组织高技术跟踪中成绩显著，受到广泛赞誉。

此外，他还指导并参与了新型工业机器人（移动式机器人系统、高压水切割机器人、多功能弧焊机器人系统）和特种机器人产品（核电站检查维修机器人等）的开发，不断为我国机器人学研究与应用开辟新的领域，使我国的机器人走向世界。他创建的机器人研究开发中心（机器人示范工程）和中国科学院机器人学开放实验室（机器人学国家重点实验室前身），成为国内外有影响的机器人学研究和应用的科学实验、产品开发、人才培养和学术交流基地。

蒋新松曾任中国人工智能学会副理事长，中国自动化学会副理事长兼机器人专业委员会主任，辽宁省自动化学会理事长等学术兼职，以及西安交通大学、北京航空航天大学、上海交通大学、中国科学技术大学、哈尔滨工业大学等校兼职教授。

由于他为国家科技事业所作出的突出业绩，1978年被评为辽宁省劳动模范、中国科学院先进科技工作者；1986年荣获"国家有突出贡献中青年专家"荣誉称号、辽宁省总工会"五一劳动奖章"和优秀科技工作者称号；1989年被评为辽宁省优秀科技工作者；1991年荣获全国"五一劳动奖章"；1997年荣获"辽宁省优秀专家"等荣誉。

先后获省市、中国科学院以及国家级科技成果奖励10余项。其中1200可逆冷轧机数字式准确停车装置、复合张力系统和厚度自适应控制系统等获全国科学大会奖（1978年）；SZJ-型示教再现机械手（1984年）和"海人一号"试验样机（1989年）获中国科学院科技进步奖二等奖，均排名第一；"CR-01"自治水下机器人获中国科学院科技进步奖特等奖、综合重大奖（1997年）；无缆水下机器人的研究、开发和应用获国家科学技术进步奖一等奖（1998年，排名第一）；等等。

1998年3月，中共中央组织部、中共中央宣传部、中共国家科委党组、中共中国科学院党组、中共中国工程院党组联合做出了《关于号召全国科技工作者向蒋新松同志学习的决定》，号召全国广大科技工作者从蒋新松的学术思想和崇高精神中吸取力量，推动中国科学技术走向新的辉煌。[①] "战略科学家"蒋新松成为中国科技工作者的一代楷模！

目前关于蒋新松的个人传记有6部，分别为：

陈锡良. 中国机器人之父蒋新松. 北京：科学普及出版社，2000.

关嘉禾. 蒋新松的故事. 沈阳：沈阳出版社，1998.

李鸣生. 国家大事：战略科学家蒋新松生死警示录. 北京：作家出版社，1999.

徐光荣. 魂系人工智能王国——蒋新松传. 南宁：广西科学技术出版社，1991.

徐光荣. 蒋新松传. 北京：航空工业出版社，人民出版社，2016.

徐光荣. 科技帅才蒋新松. 沈阳：辽宁科学技术出版社，1999.

蒋新松出版专著5部、发表学术论文40余篇，主要包括：

安宏生，蒋新松. 滑动控制理论在海洋机器人动态定位系统中的应用. 机器人，1989（2）：1-7.

陈斌，蒋新松. 自治式水下机器人导航与控制若干问题研究. 机器人，1993（1）：39.

韩建达，谈大龙，蒋新松. 直接驱动机器人关节加速度反馈解耦控制. 自动化学报，2000（3）：289-295.

蒋新松，封锡盛，王棣棠. 水下机器人. 沈阳：辽宁科学技术出版社，2000.

蒋新松，宋国宁. 人工智能综论. 自然杂志，1984（9）：649-654，720.

蒋新松，张申生. 敏捷竞争的挑战与思考. 计算机集成制造系统——CIMS，1996（1）：3-9.

---

① 中共中央组织部，中共中央宣传部，中共国家科委党组，中共中国科学院党组，中共中国工程院党组. 关于号召全国科技工作者向蒋新松同志学习的决定. http://www.sia.cn/xwzx/zt/kxj/jxsjs/wbwhzxjxsxx/202104/t20210407_5990639.html [2021-12-28].

蒋新松. CIM——信息时代新的工业革命——我们的对策. 高技术通讯, 1991（1）: 18-21.

蒋新松. 关于我院发展技术科学的探讨. 中国科学院院刊, 1991（4）: 329-336.

蒋新松. 国内机器人技术发展之我见. 科学时代, 1998（3）: 8.

蒋新松. 国外机器人的发展及我们的对策研究. 机器人, 1987（1）: 3-10.

蒋新松. 机器人的历史发展及社会影响评价. 中国科学院院刊, 1986（3）: 218-222.

蒋新松. 机器人及机器人学中的控制问题. 机器人, 1990（5）: 1-13.

蒋新松. 机器人学导论. 沈阳: 辽宁科学技术出版社, 1994.

蒋新松. 机器人与工业自动化. 石家庄: 河北教育出版社, 2003.

蒋新松. 论以知识为基础的产品. 科技进步与对策, 1995（6）: 1-2, 78.

蒋新松. 人工智能及智能控制系统概述. 自动化学报, 1981（2）: 148-156.

蒋新松. 未来机器人技术发展方向的探讨. 机器人, 1996（5）: 30-36.

蒋新松. 无环流快速可逆可控硅励磁系统设计中若干问题. 自动化, 1976（0）: 34-57.

蒋新松. 信息时代新的工业革命及我们的对策. 中国科学院院刊, 1995（2）: 165-167.

蒋新松. 智能科学与智能技术. 信息与控制, 1994（1）: 38-39.

曲道奎, 蒋新松. 一种新的机器人自适应控制方式. 机器人, 1987（3）: 8-12.

宋国宁, 蒋新松. 连续生产过程CIMS的研究. 计算机集成制造系统——CIMS, 1995（1）: 12-15.

中国大百科全书总编辑委员会《自动控制与系统工程》编辑委员会, 中国大百科全书出版社编辑部. 中国大百科全书·自动控制与系统工程. 北京: 中国大百科全书出版社, 1991.

"863计划"自动化领域CIMS主题专家组. 计算机集成制造技术与系统的发展趋势. 北京: 科学出版社, 1994.

Jiang X S, Tan D L. Underwater Remotely Operated Vehicle HR-01. Proceedings of the 1988 IEEE International Conference on Systems, Man, and Cybernetics, Beijing, 1988: 602-605.

Jiang X S. What is the challenge to AI in real time control. 信息与控制, 1990（1）: 45-46.

蒋新松学术谱系如图4-2所示。蒋新松作为学术大家，除在沈阳自动化所指导研究生外，还担任多所大学的兼职教授并指导研究生，因资料所限，在沈阳自动化所以外指导研究生的材料还有待进一步完善。

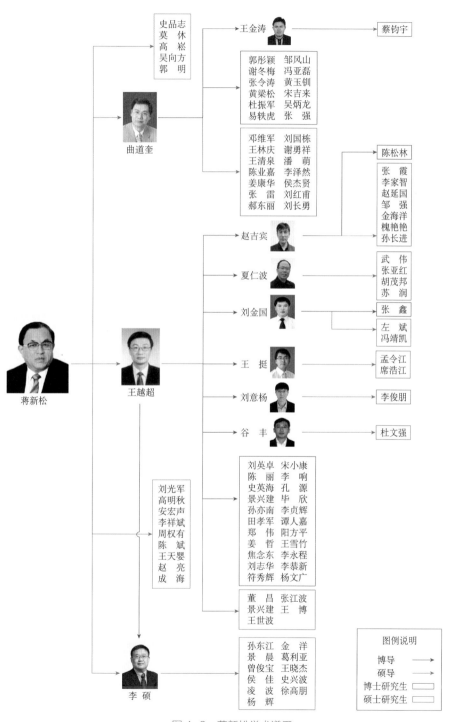

史品志
莫　休
高　崧
吴向方
郭　明

曲道奎

王金涛 ——— 蔡钧宇

郭彤颖　邹凤山
谢冬梅　冯亚磊
张令涛　黄玉钏
黄梁松　宋吉来
杜振军　吴炳龙
易轶虎　张　强

邓维军　刘国栋
王林庆　谢勇祥
王清泉　潘　萌
陈业嘉　李泽然
姜康华　侯杰贤
张　雷　刘红甫
郝东丽　刘长勇

蒋新松

王越超

赵吉宾 ——— 陈松林
张　霞
李家智
赵延国
邹　强
金海洋
槐艳艳
孙长进

夏仁波 ——— 武　伟
张亚红
胡茂邦
苏　润

刘金国 ——— 张　鑫
左　斌
冯靖凯

王　挺 ——— 孟令江
席浩江

刘意杨 ——— 李俊朋

谷　丰 ——— 杜文强

刘光军
高明秋
安宏声
李祥斌
周权有
陈　斌
王天婴
赵　亮
成　海

刘英卓　宋小康
陈　丽　李　响
史英海　孔　源
景兴建　毕　欣
孙亦南　李贞辉
田孝军　谭人嘉
郑　伟　阳方平
姜　哲　王雪竹
焦念东　李永程
刘志华　李恭新
符秀辉　杨文广

董　昌　张江波
景兴建　王　博
王世波

李　硕

孙东江　金　洋
景　晨　葛利亚
曾俊宝　王晓杰
侯　佳　史兴波
凌　波　徐高朋
杨　辉

图例说明

博导 ———→
硕导 ——→
博士研究生 ▭
硕士研究生 ▭

图 4-2　蒋新松学术谱系

➤ 4.2.2 徐凤安

徐凤安，男，1939年11月7日出生，辽宁省沈阳人。1964年8月，毕业于中国科学技术大学自动化系自动特殊精密仪表专业，后分配至中国科学院东北工业自动化研究所（今沈阳自动化所）工作。1984年，加入中国共产党。1989年9月，被聘为研究员。他是沈阳自动化所水下机器人领域，建制化单独组建研究单元后的首位负责人。于2000年5月退休。

徐凤安主要从事自动控制理论的研究与应用，20世纪80年代中期开始致力于水下机器人的开发、生产及应用，其重要学术成就包括激光红外电视电影经纬仪和水下机器人研制两个方面，这里主要介绍其在水下机器人领域的学术（技术）贡献。

1964—1968年，徐凤安参加了国家自动化试点企业兰州石化炼油厂12单元质量仪表——用于控制航空煤油质量的"连续自动闪电分析仪"控制器的设计、制作、装调和安装运行工作。

1968年12月，他进入"用于导弹靶场测量外弹道的大型'激光红外电视电影经纬仪'（简称G-179工程）"研究所7人核心小组。1969年11月直至1983年，一直在G-179工程总体组（负责人之一）工作，除拟定电视分系统方案外，还参加了工程总体方案的议定、落实、战术指标协调、场内总体调试、检测、鉴定及出厂等工作。完成了G-179工程主机用一号操纵台和二号控制台的设计、制图及装调，编制了工程总体电气装配布线图表和电气符号一览表等。成功设计和完成了G-179工程电视精密跟踪控制系统，其具有激光测距和三阶无静差电视和红外精密跟踪控制系统，可以达到单站测量弹道的目的，填补了我国靶场现代化的空白，具有国内先进水平并达到当时国外20世纪70年代的国际水平，获1978年全国科学大会奖和1985年国家科学技术进步奖特等奖。在此期间，还完成了"钴60放射线治疗机外控装置""无触点洗衣机控制器""玻璃纤维墙面装饰布炉温控制装置"等民用产品的研制工作。

自1983年开始，徐凤安主要负责国家重点攻关项目"无人遥控潜水器"任务，担任总体组组长。1984年，到美国和加拿大进行水下机器人学术考察，主笔撰写了《无人遥控潜水器介绍》、《无人遥控潜水器总体方案设想》和《工程具体实施方案》等研究报告。1986年8月至1987年2月，赴美国佩瑞公司开展中型ROV技术合作。参加引进、消化并开发了中型水下机器人RECON-Ⅳ-ROV系列产品，担任技术引进组组长，参与草拟技术引进总体规划及后续技术准备工作。该产品应用于水坝维修、海洋试验和石油开采中，取得了显著的经济效益和社会效益。

参加国家"七五"攻关计划——"海洋和水下机器人技术开发"可行性报告的起草、整理和后续工作安排。领导和组织国家"863计划"高技术项目"探索者"号1000米AUV，任电气系统副总师，主持设计研制装配一套回收器控制台，指导了本体控制研制。参加并完成了YQ2型遥控水下机器人的方案论证及电控系统设计工作。

1991年8月至1996年6月徐凤安先后多次赴俄罗斯，与IMTP研究所开展技术合作，联合研制了用于深海资源勘探的"CR-01"自治水下机器人。担任项目第一副总师，组织完成总装调、水池调试、浅海和深海考核试验。

1990年起，担任沈阳自动化所水下机器人研究开发工程部首任主任。在组织、领导"CR-01"水下机器人总装、调试和海试中发挥了关键作用。此外，在RECON-Ⅳ水下机器人生产和出租、HR-1-100潜水器、YQ2型遥控水下机器人电控系统详细设计等多项任务中都发挥了重要作用。

他参与编写了《机器人学导论》（蒋新松主编，辽宁科学技术出版社，1994年）一书，并撰写了大量研究报告和技术文件。在人才培养方面，尽管他本人并未直接带研究生，但曾为20世纪80年代初期研究所的研究生开设了"现代控制理论"课程，工作中对年轻人言传身教，培养了一批研究骨干。

曾任中国海洋工程学会水下工程和潜水技术专业委员会委员、中国自动化学会空间及运动体控制专业委员会委员。作为主要完成人，曾获全国科学大会奖，中国科学院科技成果奖二等奖2项、一等奖2项（1983年）、特等奖1项，国务院特别奖（1984年），国家科学技术进步奖二等奖1项、一等奖1项、特等奖1项。

徐凤安发表论文8篇、研究报告30多篇，其中包括：

李俊鹏，徐凤安，李漫红. 海洋机器人变参数大时延控制系统补偿方法的研究. 机器
　　人，1994（4）：223-230.

徐凤安，李俊鹏. 对振荡指标法的评论. 信息与控制，1978（2）：69.

徐凤安. 含有振荡指标的新评价函数——M法在一阶无静差控制系统中的应用. 信
　　息与控制，1980（1）：38-40，37.

徐凤安. 高阶无静差随动系统的动态综合. 信息与控制，1980（2）：18-24.

徐凤安，冯仲良，夏春和. 电视精密跟踪控制系统的设计和应用. 自动化学报，1980
　　（3）：162-169.

徐凤安. 高阶无静差采样控制系统的动态综合. 自动化学报，1982（2）：154-162.

➢ 4.2.3　王棣棠

　　王棣棠，男，1936年12月26日出生，辽宁省海城人。1959年8月毕业于大连工学院（今大连理工大学）机械系机械制造、金属切削机床及刀具专业，后分配至第一机械工业部机械制造与工艺科学研究院。1972年1月调入沈阳自动化所。1990年10月晋升为研究员级高级工程师，同年12月加入中国共产党。

　　他主要从事机械学、机器人学及机械设计和制造工艺研究。早期曾参加35 000吨水压机液压平衡系统设计和试验。1974—1976年，参加自动绘图仪机械设计。1979—1982年，主持完成了中国首台工业机器人SJZ-1型示教再现机器人机械部分总体设计。长期致力于水下

机器人的研制工作，同时作为研究部行政副手，发挥了很好的组织和协调作用。

1982—1986年，王棣棠作为总体组成员，参加了"海人一号"（HR-01）研制工作，负责机械分总体和主持水下主从机械手设计，并参加了大连浅海和海南海上试验。

1986年8月至1990年6月，参加引进美国佩瑞公司RECON-Ⅳ海洋机器人，负责机械本体、中继器等技术引进、消化及国产化设计，任总机械师。具体完成了潜水器、中继器和吊放系统加工，全部实现国产化并销往国外，产品达到国际先进水平。1987—1989年，完成"海潜一号"的设计、装调，该设备达到国际同类产品水平。同时，完成RECON-Ⅳ和"海潜一号"归档鉴定用全部图纸、工作总结的整理和编写工作。

1990年2月起，作为总体组成员参加国家"863计划"项目——无缆水下机器人的研制，完成水面支持系统、吊放系统的概念设计，以及液压剪、清洗刷等水下作业工具包的设计和制作。同年7月，作为课题负责人，研制出国家"七五"攻关项目"六功能水下机械手"产品样机，其技术性能超过美国同类产品指标。

1994—1995年，作为"863计划""'探索者'号1000米无缆水下机器人"和"CR-01自治式水下机器人"两个项目总体组成员和副总设计师，以及"水面支持系统"和"CR-01回收系统"两个课题负责人，主持和参加了水面支持系统装调、水池试验、海上试验，完成了合同要求和指标，海试一次成功。1995年，还参加了YQ2型遥控水下机器人研制工作，任机械副总设计师。

他参与编写了《机器人学导论》（蒋新松主编，辽宁科学技术出版社，1994年），与蒋新松、封锡盛合著《水下机器人》（辽宁科学技术出版社，2000年）一书。译著有《机器人技术》（〔日〕合田周平、木下源一郎著，王棣棠译，科学出版社，1983年）、《数字控制入门》（〔日〕高木章二著，王棣棠译，科学出版社，2000年）、《控制用电机入门》（〔日〕松井信行著，王棣棠译，科学出版社，2000年）等。

作为主要参加者获得省部级以上奖励17项，其中获全国科学大会奖的是"自动绘图机"（1978年）；获中国科学院科技进步奖一等奖的有"光学自动绘图机（型Ⅱ）"（1980年）、RECON-Ⅳ-300-SIA-X中型水下机器人（1991年获中国科学院科技进步奖综合重大奖，1992年还获国家科学技术进步奖二等奖）、"探索者"号自治水下机器人（1995年）；获中国科学院科技进步奖二等奖的有"SZJ-1型示教再现机械手"（1984年）、"HR-01试验样机"（1989年）、"水下智能导航实验系统"（1992年）。"CR-01"自治水下机器人获中国科学院科技进步奖特等奖、综合重大奖（1997年），无缆水下机器人的研究、开发和应用获国家科学技术进步奖一等奖（1998年），等等。

发表论文10余篇，获授权发明专利5项，主要有：

康守权，王棣棠，朱桂海. 机械密封技术在水下机器人中的应用. 机器人，1993（5）：50-51.

康守权，王棣棠. 自治式潜水器下水回收系统. 机器人，1993（1）：61-63.

李硕，唐元贵，王棣棠，等. 一种补偿式水下无刷直流电机结构及其组装方法：中国，CN200810229336.X. 2010-06-23.

王棣棠，徐凤安，康守权，等. 自治式潜水器下水回收系统：中国，CN95110142.0. 1996-10-09.

王棣棠. 谈谈交流液压传动. 国外自动化，1979（Z1）：131-134.

王棣棠. 无人遥控深潜器的现状和技术动向. 国外自动化，1985（6）：48-52.

王棣棠. 直接驱动机器人的机构设计. 机器人，1988（6）：56-59.

于开洋，徐凤安，王棣棠，等. "探索者"号无缆水下机器人水下回收系统的设计与应用. 机器人，1996（3）：179-184，192.

张竺英，王棣棠，刘大路. 自治式水下机器人回收系统的研究与设计. 机器人，1995（6）：348-351.

Wang D T, Kang S Q, Guan Y L, et al. A launch and recovery system for an autonomous underwater vehicle 'Explorer'. Proceedings of the 1992 Symposium on Autonomous Underwater Vehicle Technology, 1992: 279-281.

➤ 4.2.4　封锡盛

封锡盛，男，1941年12月17日出生，辽宁省海城人。1965年9月，毕业于哈尔滨工业大学电机系工业电气化与自动化专业，分配至原第四机械工业部第十研究院第十四研究所工作，从事雷达天线控制技术研究。1973年3月，调入沈阳自动化所，从事经纬仪用高精度轴角编码器研究。1982年以来，长期致力于水下机器人研究与开发工作，1992年7月被聘为研究员。1999年，当选为中国工程院院士，

是中国水下机器人事业的主要开拓者和奠基人之一。全国政协第九、第十、第十一届委员。

主要研究方向为海洋机器人总体设计、海洋机器人操纵性、海洋机器人智能控制、海洋机器人自主控制、水下高精度导航、多机器人控制、海洋机器人状态与参数估计、脑电控制、目标追踪与对抗、海洋机器人系统建模与仿真等理论与技术研究等。

作为主要负责人之一，封锡盛领导了我国第一台潜深200米的遥控水下机器人"海人一号"（HR-01）的研制；作为总设计师，主持了国家"863计划"重大项目无缆水下机器人——潜深1000米的"探索者"号的研制工作。曾任中国第一台6000米自治水下机器人"CR-01"的副总设计师、"CR-01"工程化项目总设计师，第二台6000米水下机器人"CR-02"的总设计师。"CR-01"自治水下机器人于1995年及1997年两次为中国大洋协会在太平洋进行了深海探测试验，并对洋底多金属结核进行了调查，取得了大量的试验数据。这些项目的成功，使我国成为世界上少数几个拥有此项技术和装备的国家之一。

几十年来，他作为负责人或主要参与者，带领研究团队在水下机器人领域创造了多项国内领先科研成果，获得省部级科技进步奖二等奖以上奖项10项，"无缆水下机器人的研究、开发和应用"项目获1998年度国家科学技术

进步奖一等奖。享受国务院政府特殊津贴，获辽宁省优秀专家等荣誉称号。

在队伍建设和人才培养方面，指导博士、硕士研究生30余名，其中有很多已是研究员或教授，成为中国水下机器人领域的科研骨干。兼任哈尔滨工业大学荣誉教授、深海矿产资源开发利用技术国家重点实验室学术委员会主任、中国科学院学术委员会海洋专委会委员、中国自动化学会会士、机器人技术与系统国家重点实验室首届指导委员会委员、机器人学国家重点实验室学术委员会委员、北京理工大学智能机器人与系统高精尖创新中心学术委员会委员。

曾任辽宁省、沈阳市人民政府参事、咨询委员会委员，首届辽宁省仪器仪表学会理事长。《机器人》《控制与决策》《控制工程》等核心刊物的编委会咨询委专家、主编和编委等。

在国内外学术期刊和会议上发表学术论文130余篇，其中SCI、EI、ISTP检索90余篇，获授权国家发明专利4项。参与《机器人学导论》（蒋新松主编，辽宁科学技术出版社，1994年）的编写，与他人共同著有《水下机器人》（辽宁科学技术出版社，2000年）一书，主编"十三五"国家重点出版物出版规划项目"海洋机器人科学与技术丛书"（龙门书局，2020—2021年）25册。主要代表性成果包括：

封锡盛，李一平，徐红丽. 下一代海洋机器人写在人类创造下潜深度世界记录10912米50周年之际. 机器人，2011，33（1）：113-118.

封锡盛，李一平. 海洋机器人30年. 科学通报，2013，58（S2）：2-7.

封锡盛，刘永宽. 自治水下机器人研究开发的现状和趋势. 高技术通讯，1999，9（9）：55-59，51.

封锡盛. 从有缆遥控水下机器人到自治水下机器人. 中国工程科学，2000，2（12）：29-33，58.

封锡盛. 机器人不是人，是机器，但须当人看. 科学与社会，2015，5（2）：1-9.

封锡盛. 深海明珠——海洋机器人历史沿革认识与思考. 中国自动化学会通讯，2016，37（3）：4-11.

封锡盛，等. 海洋机器人科学技术新进展. 北京：龙门书局，2020.

蒋新松，封锡盛，王棣棠. 水下机器人. 沈阳：辽宁科学技术出版社，2000.

周焕银，刘开周，封锡盛. 海洋机器人运动控制技术. 北京：龙门书局，2019.

Jia Q Y, Xu H L, Feng X S, et al. Research on cooperative area search of multiple underwater robots based on the prediction of initial target information. Ocean Engineering, 2019, 172: 660-670.

Jiang M, Song S M, Herrmann J M, et al. Underwater loop-closure detection for mechanical scanning imaging sonar by filtering the similarity matrix with probability hypothesis density filter. IEEE Access, 2019, 7:166614-166628.

Song S M, Si B L, Herrmann J M, et al. Local autoencoding for parameter estimation in a hidden Potts-Markov random field. IEEE Transactions on Image Processing, 2016, 25(5): 2324-2336.

Zhao D Y, Tang F Z, Si B L, et al. Learning joint space-time-frequency features for EEG decoding on small labeled data. Neural Networks, 2019, 114: 67-77.

封锡盛合作作者图谱和学术谱系如图4-3、图4-4所示。

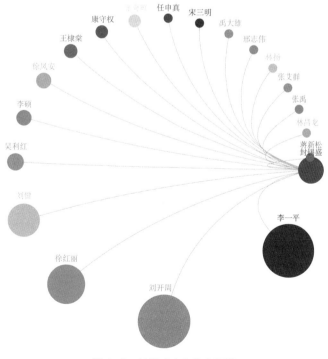

图4-3 封锡盛合作作者图谱
（截至 2021 年 4 月 21 日）

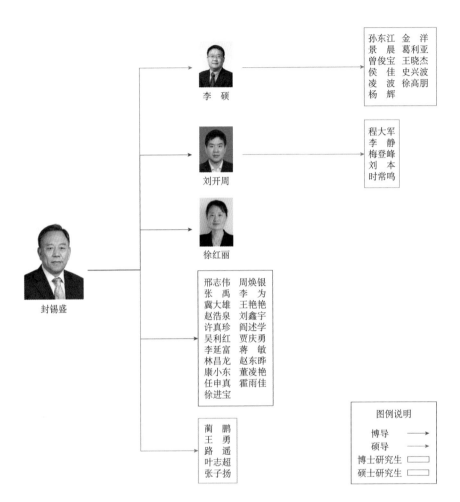

图 4-4　封锡盛学术谱系

➤ 4.2.5 燕奎臣

　　燕奎臣，男，1950年3月20日出生，辽宁沈阳人。1974年3月，毕业于清华大学电子工程系自动控制专业，毕业后分配至沈阳自动化所。1986年4月至1987年10月，赴日本大协计算机系统公司研修学习。1996年，加入中国共产党。1998年，担任水下机器人研究中心总工程师，2000年，被聘为研究员。2010年3月退休，2012年病故。

　　早期曾进行精密跟踪及自动化技术研究，参加了G179-B激光电影电视经纬仪和鞍钢大剪综合自动化系统等研究与开发工作。长期从事水下机器人控制系统研制和产品开发，先后主持"海潜一号"遥控水下机器人（第一完成人）、"HR-1-100"遥控水下机器人、"SR-01"水面救助机器人等重大项目的研制工作，在"863计划""CR-02"自治水下机器人以及远程AUV等项目中发挥了重要作用。曾参与RECON-Ⅳ、"探索者"号、YQ2和YQ2L等多型水下机器人等的研制和海试工作。

　　担任"CR-02"自治水下机器人第一副总设计师，"SR-01"水面救助机器人、深海作业型自治水下机器人总体方案总设计师，以及TSP-901型自走式海缆埋设机副总设计师。曾任《海洋工程》《机器人》杂志编委。

　　作为主要参加者曾获省部级以上奖4项，其中"G179电影经纬仪改装"获中国科学院科技进步奖三等奖（1989年），"海潜一号"遥控水下机器人获中国科学院科技进步奖二等奖（1993年），HR-1-100轻型无人遥控潜水器获辽宁省科学技术进步奖二等奖（1997年）。

　　参与编写《机器人学导论》（蒋新松主编，辽宁科学技术出版社，1994年）一书。发表学术论文近30篇，获授权专利10项（其中发明专利3项），主要包括：

燕奎臣, 李一平, 袁学庆. 远程自治水下机器人研究. 机器人, 2002（4）：299-303.

燕奎臣, 李一平. 浮动信号的自动跟踪与检测. 自动化仪表, 2000（8）：45-46.

燕奎臣, 刘爱民, 牛德林. AUV自动跟踪水下管道的试验研究. 机器人, 2000（1）：33-38.

燕奎臣, 马骥. 采用普通双绞线远距离传输动力、图像、双向数据的方法. 自动化博览, 2005（3）：55-57.

燕奎臣, 马骥. 线性电位器产生非线性传递函数分析. 自动化与仪表, 2003（2）：58-59.

燕奎臣, 王晓辉, 李硕. 回转器及其应用. 仪表技术与传感器, 2000（5）：36-39.

燕奎臣, 吴利红. AUV水下对接关键技术研究. 机器人, 2007（3）：267-273.

燕奎臣, 俞建成, 张奇峰. 深水油气开发中的水下机器人. 自动化博览, 2005（5）：116-118.

燕奎臣, 袁学庆, 秦宝成. 一种水面救助机器人. 机器人, 2001（6）：493-497.

燕奎臣, 周纯祥, 刘爱民. 磁通门罗盘方位测角系统设计与实现. 机器人, 1999（3）：32-38.

燕奎臣, 刘子俊, 王晓辉, 等. 一种水面救助机器人：中国, CN99122549.X. 2001-05-30.

燕奎臣. 我国第一台水面救助机器人研制成功. 高技术通讯, 2003（9）：15.

张银亮, 胡克, 燕奎臣, 等. 一种水气混合物及水下浮游微生物采样器：中国, CN200420070755.0. 2005-09-28.

张银亮, 李一平, 李硕, 等. 一种水下机器人结构：中国, CN200410082862.X. 2006-06-14.

➤ 4.2.6　康守权

康守权，男，1950年12月23日出生，辽宁沈阳人。1973年7月加入中国共产党。1975年12月，毕业于东北工学院（今东北大学）机械系矿山机械专业，后分配到沈阳自动化所工作，1999年，被聘为研究员，2010年12月退休。

长期从事水下机器人技术相关研究，以机械结构设计为主。在"探索者"

号自治水下机器人项目中，负责水面支持系统总体设计和下水回收系统研制。在RECON-Ⅳ-300-SIA-Ⅹ中型水下机器人产品开发中，负责中继器的研制。担任YQ2型遥控水下机器人、CI-STAR号自走式海缆埋设机和"CR-01""CR-02"自治水下机器人项目副总设计师。

在YQ2型遥控水下机器人研制中任总设计师（项目负责人），为YQ2L遥控水下机器人第一完成人。曾任沈阳自动化所水下机器人研究中心总工程师，在学科设置、专业技术管理、组织协调以及协助指导研究生和培训新职工方面，做了大量卓有成效的工作。

在第一代水下机器人专家中他是较为年轻的一位，因此在其技术（学术）生涯中与更年轻的水下机器人专家多有交集，退休后又被研究所（室）返聘工作近10年时间，发挥了承上启下和传帮带的重要作用。

作为主要完成人参加的RECON-Ⅳ-300-SIA-Ⅹ中型水下机器人产品开发先后获中国科学院科技进步奖一等奖、国家科学技术进步奖二等奖；"无缆水下机器人（'探索者'号自治水下机器人）"获中国科学院科技进步奖一等奖；"CR-01"自治水下机器人获中国科学院科技进步奖特等奖；YQ2型无人遥控水下机器人获中国科学院科技进步奖二等奖；"无缆水下机器人的研究、开发和应用"获国家科学技术进步奖一等奖。YQ2L遥控水下机器人获辽宁省科学技术进步奖二等奖。

曾任《机器人》《信息与控制》杂志编委。撰写立项建议书和论证报告50余篇，公开发表的论文和授权发明专利主要有：

康守权. 防摆止荡装置：中国，CN200410020550.6. 2005-11-16.

康守权，王棣棠，朱桂海. 机械密封技术在水下机器人中的应用. 机器人，1993
（5）：50-51.

康守权，王棣棠. 自治式潜水器下水回收系统. 机器人，1993（1）：61-63.

康守权，张奇峰. 遥控水下机器人脐带缆收放绞车设计及牵引力分析. 海洋工程，

2010（1）：117-120.

康守权，李宝嵩，张将. 无滑环自绕式脐带电缆收放装置：中国，CN03111221.8. 2004-09-29.

康守权，任福林. 水面自动对接联锁装置：中国，CN200610046698.6. 2007-11-28.

康守权，孙斌. 张力控制及计数装置：中国，CN200510046531.5. 2006-11-29.

康守权，张艾群. 无滑环自动偏转式脐带电缆收放装置：中国，CN03111220.X. 2004-09-29.

王棣棠，徐凤安，康守权，等. 自治式潜水器下水回收系统：中国，CN95110142.0.

Kang S Q, Lin Y, Zhang Z Y, et al. Submersible platform launch and recovery system for an autonomous underwater vehicle. Marine-Technology-Society Annual Conference, 1998: 752-755.

Wang D T, Kang S Q, Guan Y L, et al. A launch and recovery system for an autonomous underwater vehicle 'Explorer'. Proceedings of the 1992 Symposium on Autonomous Underwater Vehicle Technology, 1992: 279-281.

4.3　第二代主要代表人物学术小传及学术谱系

➤ 4.3.1　张艾群

　　张艾群，男，1959年2月出生，研究员。1982年毕业于东北大学机械系流体传动与控制专业，获学士学位。1982—1984年任辽宁省轻工业学校教员。1984年到沈阳自动化所从事水下机器人研究。1992—1993年赴加拿大康科迪亚大学做访问学者。1999—2008年任沈阳自动化所水下机器人研究中心主任，其间担任机器人学国家重点实验室副主任、机器人技术国家工程研究中心副主任。国家"十五"

期间任"863计划"资源环境技术领域海洋资源开发技术主题专家组成员，国家"十二五"期间任"863计划"海洋技术领域深海探测与作业主题专家组成员。2013年以来，担任中国科学院深海科学与工程研究所总工程师。

主要从事水下机器人与深海装备技术的研究与开发工作。参加了"海人一号"遥控水下机器人等国家级重大项目；作为主要负责人和项目总设计师，组织完成了YQ2型遥控水下机器人、自走式海缆埋设机等重大工程技术项目，项目均达到国际先进或领先水平，并填补了我国在这一领域的空白；作为总体组成员参加"863计划"国家重大专项"7000米载人潜水器"的研制，参与1000米到7000米级海试工作全过程；参与国家"十一五"和"十二五"深海探测技术战略研究报告和"深海潜水器技术与装备重大项目"实施方案的编制。

"十二五"期间，任海南省重大专项"深海技术及海洋装备关键技术的引进与集成应用"和中国科学院战略性先导科技专项"海斗深渊前沿科技问题研究与攻关"中"深渊探测技术研究与应用"项目负责人。主持我国首套深渊着陆器的研制和试验应用，该着陆器于2016年6月至8月在马里亚纳海沟深渊科考应用中取得重要成果。

2017年，作为项目负责人，获批国家重点研发计划"深海多位点着陆器与漫游者潜水器系统研究"项目。结合着陆器、潜水器等多种深海装备技术特点，原创性地提出了"深海多位点着陆器与漫游者潜水器系统"的概念，研究验证了着陆器多位点移动控制、履带式潜水器底质自适应行走、深海镁海水燃料电池等核心关键技术，相关理念和技术在中国科学院战略性先导科技专项"深海/深渊智能技术及海底原位科学实验站"平台上得以延续和拓展。

在担任水下机器人研究中心（室）负责人期间，组织并开展了多项国家重大水下机器人项目，实现了从引进消化向自主研发、浅水轻作业向重载作业型、区域调查型向长航程作业型能力的转变。提出并开展的水下滑翔机、ARV新概念水下机器人，使我国在深海探测技术上取得了突破，促进了我国水下机器人技术水平的提高和发展。

在研究生培养方面，1997年担任硕导，2001年担任博导。注重研究生的道德修养和科研能力的提升。通过重点课题实施，引导学生积极参与课题的研究工作，并凝练关键技术开展深入研究，确立研究方向，撰写学术论文和学位论文。20多年来，培养了一批高层次青年科技人才，多名学生现已成为水下滑翔机、遥控潜水器和深海机械手、ARV、深海着陆器等方向的学术带头人，部分学生已成为水下机器人领域的核心技术骨干。

获奖及其他相关荣誉包括：RECON-Ⅳ-300-SIA-Ⅹ中型水下机器人产品开发获中国科学院科技进步奖一等奖（1991年）和国家科学技术进步奖二等奖（1992年），YQ2型遥控水下机器人获中国科学院科技进步奖二等奖（1997年），自走式海缆埋设机获辽宁省科学技术进步奖一等奖（2004年），作为主要完成人的"蛟龙号"载人潜水器控制与声学系统研究集体获中国科学院杰出科技成就奖（2013年）。2000年获国务院政府特殊津贴，2006年获评第七届沈阳市优秀科技工作者，2014年获全国五一劳动奖章。

发表论文140余篇，授权发明专利50余项，代表性成果包括：

陈俊，张奇峰，李俊，等. 深渊着陆器技术研究及马里亚纳海沟科考应用. 海洋技术学报，2017，36（1）：63-69.

陈俊，张奇峰，张艾群，等. 基于深渊鱼类识别的原位自主观测方法. 吉林大学学报（工学版），2019，49（3）：953-962.

张艾群，林扬，高云龙，等. 一种用于潜水器收放系统的起吊缆缓冲装置：中国，CN02144979.1. 2004-06-30.

张艾群，林扬，孙斌. 一种水下蠕动爬行攻泥装置：中国，CN99122515.5. 2001-05-23.

张艾群，张筑英，何立岩，等. 万米水压试验装置：中国，CN200410020907.0. 2006-01-11.

张奇峰，张运修，张艾群. 深海小型爬行机器人研究现状. 机器人，2019，41（2）：250-264.

Huang Y, Wang Z Y, Yu J C, et al. Development and experiments of the passive buoyancy balance system for Sea-Whale 2000 AUV. New York:IEEE, 2019:1-5.

Sun J, Wang J, Shi Y, et al. Self-noise spectrum analysis and joint noise filtering for the Sea-Wing underwater glider based on experimental data. IEEE Access, 2020, 8: 42960-42970.

Wang J, Tang Y G, Chen C X, et al. Terrain matching localization for hybrid underwater vehicle in the Challenger Deep of the Mariana Trench. Frontiers of Information Technology & Electronic Engineering, 2020, 21(5): 749-759.

Zhang Y X, Zhang Q F, Zhang A Q, et al. Experiment research on control performance for the actuators of a deep-sea hydraulic manipulator. New York: IEEE, 2016: 1-6.

张艾群学术谱系如图4-5所示。

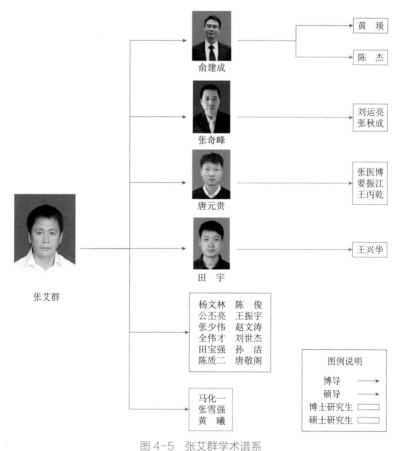

图4-5 张艾群学术谱系

➤ 4.3.2 张竺英

张竺英，男，1964年9月出生，研究员。1991年，毕业于沈阳自动化所自动控制专业，获得硕士学位，一直从事水下机器人研究与开发工作。

主要研究方向为遥控水下机器人、水下机械手及水下作业工具、水下机器人收放系统等。

作为课题负责人和主要参加者参与完成了多项科研课题，包括YQ2型遥控水下机器人、TSP901型自走式海缆埋设机、1000米级作业型遥控潜水器、6000米级科考型遥控潜水器、深潜救生艇收放系统、海缆埋设机吊放拖曳设备等。

曾获中国科学院科技进步奖特等奖1项、二等奖2项，辽宁省科学技术进步奖一等奖1项、二等奖1项。

发表论文20余篇，申报专利30余项。主要成果包括：

李彬，孙斌，张竺英，等. 一种收放拖曳海缆埋设机用双卷筒摩擦绞车：中国，CN201310639660.X，2015-06-03.

杨文林，张竺英，张艾群. 水下机器人主动升沉补偿系统研究. 海洋工程，2007，25（3）：68-72.

张将，张竺英，孙斌，等. 强作业型水下机器人用水下机械手伸缩关节：中国，CN2006101558203. 2008-07-02.

张竺英，任福琳，陈黎明，等. 潜水器恒张力收放绞车系统的建模与仿真. 机床与液压，2006，34（9）：132-133，136.

张竺英，任福琳. 一种电缆缠绕装置：中国，CN200810012158.5. 2010-01-06.

张竺英，王棣棠，刘大路. 自治式水下机器人回收系统的研究与设计. 机器人，1995，17（6）：348-351.

张竺英, 张银亮, 孙斌. 一种水下缆绳收放机构: 中国, CN200610045772.2. 2007-08-01.

Quan W C, Zhang Z Y, Zhang A Q, et al. A geometrically exact formulation for three-dimensional numerical simulation of the umbilical cable in a deep-sea ROV system. China Ocean Engineering, 2015, 29(2): 223-240.

Quan W C, Zhang Z Y, Zhang A Q. Dynamics analysis of planar armored cable motion in deep-sea ROV system. Journal of Central South University, 2014, 21（12）: 4456-4467.

Yang W L, Zhang Z Y, Zhang A Q. Research on an active heave compensation system for remotely operated vehicle//Changsha Univ Sci & Technol, Cent S Univ, Hunan Univ Sci & Technol, IEEE Comp Soc. International Conference on Intelligent Computation Technology and Automation, Vol 2, Alamitos: IEEE Computer Soc, 2008: 407-410.

➢ 4.3.3　林扬

林扬，男，1962年5月出生，中共党员，研究员、博导。1983年，毕业于大连工学院（现大连理工大学）造船系内燃机专业，1988年，研究生毕业于大连理工大学造船系动力机械专业。1990年12月，到沈阳自动化所工作，曾任水下机器人研究中心、水下机器人研究室副主任，自主水下机器人技术研究室主任，沈阳自动化所副总工程师。现任海洋信息技术装备中心主任。

长期从事海洋机器人技术研究与开发工作，作为负责人或科研骨干先后参加国家"863计划"重大项目和课题10余项，在水下机器人领域的应用基础研究、产品开发及应用推广等方面取得了丰硕成果。

作为重点项目总设计师，面向国家重大需求，提出了智能控制、精确导航等长航程自主水下机器人总体设计的思想和技术方案。组织国内技术优势单位开展攻关，历经十年，经多次湖、海试验验证，突破多项核心关键技术，总体技术达到国际先进水平，成功研制了我国首型拥有完全自主知识产权的长航程自主水下机器人，填补了国产自主水下机器人批量化生产与应用的空白，一举改变了该领域传统运用模式，所突破的核心关键技术在后续同类装备的研制中得到推广应用和转化。为该型水下机器人成功研制做出了突出贡献，取得了显著的经济效益和社会效益。

为满足国家重大需求，"十二五"以来，他带领团队继续攻关，将水面、水下机器人技术有机结合，研制成功了超大型水面/半潜/水下多模式混合型海洋机器人原理样机，为解决行业短板问题提供了有效解决方案；面向海洋探查、海洋测绘、海事安全监管、海底管线及海上风电场巡检等领域的迫切需求，利用项目装备及水下自主控制成熟技术，研发成功了多型水下、水面机器人，为实现水下长驻、移固相济、海上无人作业的海洋机器人体系化发展奠定了坚实的技术基础，同时积极推动应用示范，受到行业广泛关注和认可。

他兼任机器人学国家重点实验室副主任、中国科学院先进水下信息技术重点实验室学术委员会委员、无人水下运载技术工业和信息化部重点实验室学术委员会委员等。担任《机器人》《水下无人系统学报》《数字海洋与水下攻防》等期刊编委。

作为主要完成人获奖情况："CR-01"自治水下机器人获中国科学院科技进步奖特等奖（1997年）；无缆水下机器人的研究、开发和应用获国家科学技术进步奖一等奖（1998年）；自走式海缆埋设机获辽宁省科学技术进步奖一等奖（2004年）；长航程自主水下机器人获工业和信息化部2014年度国防科技进步一等奖（2014年）；"长航程自主水下机器人研究集体"获中国科学院杰出科技成就奖（2014年，排名第1）；"海洋机器人创新研究团队"获中国科学院"十二五"突出贡献团队称号（2016年）。获第十届沈阳市优秀科技工作者（2012年）、第七批辽宁省优秀专家、第十一届辽宁省优秀科技工作者（2018年）称号。

指导博士、硕士研究生近20名，有许多人已成为水下机器人领域的研究骨干。发表学术论文80余篇，其中近三年发表论文39篇，SCI收录14篇，

EI收录29篇，代表性论文和专利有：

白桂强，谷海涛，林扬，等. 一种用于自主回收水下机器人的绳缆捕获式机构：中国，CN201910011005.7. 2020-07-14.

陈佳伦，谷海涛，林扬，等. 面向一体化系统的USV水面回收AUV的水动力特性分析. 舰船科学技术，2020，42（5）：77-84.

谷海涛，林扬，张斌，等. 一种枪栓式弹簧锁紧钩：中国，CN201210460737.2. 2014-05-21.

刘健，林扬，梁保强，等. 一种基于深度控制的水下航行体保护装置及方法：中国，CN201210462287.0. 2013-04-24.

孟令帅，林扬，郑荣，等. 用于自主水下机器人通断电的磁开关：中国，CN201610519201.1. 2018-01-12.

王明亮，李德隆，林扬，等. 基于能量优化的AUV舵角解耦方法. 水下无人系统学报，2019，27（3）：319-326.

张海洋，谷海涛，林扬，等. 无动力运载器倾斜爬升式上浮特性分析. 中国舰船研究，2020，15（1）：38-47.

赵宏宇，关玉林，林扬，等. 一种一对多自动检测AUV装置及实现方法：中国，CN201210460755.0. 2014-05-21.

郑荣，林扬，刘健. 水下全球定位系统接收装置：中国，CN200410020609.1. 2005-12-07.

Gao T Z, Lin Y, Ren H, et al. Hydrodynamic analyses of an underwater fan-wing thruster in self-driving and towing experiments. Measurement: Journal of the International Measurement Confederation, 2020, 165:1-11.

Gao T Z, Lin Y, Ren H. The role studies of fixed-wings in underwater fan-wing thrusters. Ocean Engineering, 2020, 216:1-19.

Liu S, Xu H L, Lin Y, et al. Visual navigation for recovering an AUV by another AUV in shallow water. Sensors, 2019, 19(8): 1-19.

Meng L S, Lin Y, Gu H T, et al. Study of the dynamic characteristics of a cone-shaped recovery system on submarines for recovering autonomous underwater vehicle. China Ocean Engineering, 2020, 34(3): 387-399.

Meng L S, Lin Y, Gu H T, et al. Study on dynamic characteristics analysis of underwater dynamic docking device. Ocean Engineering, 2019, 180:1-9.

Meng L S, Lin Y, Gu H T, et al. Study on dynamic docking process and collision problems of captured-rod docking method. Ocean Engineering, 2019, 193: 1-11.

➤ 4.3.4 李一平

李一平，女，1963年3月出生，工学硕士，研究员，博导。1988年，毕业于沈阳自动化所模式识别与智能控制专业，20世纪90年代初期开始水下机器人研究开发工作。

主要研究方向为自主水下机器人、自主遥控水下机器人、新概念水下机器人和多自主水下机器人系统。

作为主要完成人，参与完成了多项国家重大项目，包括"探索者"号1000米无缆水下机器人、"CR-01"自治水下机器人及工程化、"CR-02"自治水下机器人等的研制和试验。2002年起，负责新概念水下机器人——自主遥控水下机器人的研究，作为课题负责人主持水下机器人关键技术验证平台、新型自主遥控水下机器人关键技术研究、小型自主遥控水下机器人（SARV）、全海深无人潜水器关键技术研究及总体设计（"海斗"号自主遥控水下机器人）等课题的研究及系列自主遥控水下机器人系统的研制工作。同期，主持多自主水下机器人系统关键技术研究工作。近年来主持"探索100"自主水下机器人、异构多水下机器人系统的研制与应用。

主持国家重点研发计划、国家"863计划"、国家自然科学基金、省部级项目20余项。获中国科学院科技进步奖特等奖1项、三等奖1项，省部级科技进步奖一等奖1项。

指导硕士、博士研究生30余名。获沈阳自动化所"创新2020人才培养奖"（2018年）、中国科学院朱李月华优秀教师奖（2019年）。出版专著

1部，发表论文100余篇，获专利30余项。专著、主要代表性论文和专利成果包括：

封锡盛，李一平，徐红丽. 下一代海洋机器人写在人类创造下潜深度世界记录10912米50周年之际. 机器人，2011，33（1）：113-118.

李一平，封锡盛. "CR-01" 6000m 自治水下机器人在太平洋锰结核调查中的应用. 高技术通讯，2001（1）：85-87.

李一平，刘鑫宇，曾俊宝，等. 一种适用于充油高压环境下使用的电耦合隔离继电器：中国，CN201510849894.6. 2017-06-09.

李一平，刘鑫宇，李硕，等. 一种抗电压突变的万米耐压多路电源分配单元：中国，CN201510856569.2. 2017-06-09.

李一平，许真珍. 多自主水下机器人协同控制. 北京：科学出版社，2020.

李一平，阎述学，曾俊宝. 一种小型水下机器人推进控制系统及其舵控制方法：中国，CN201210313266.2. 2014-03-12.

李一平，燕奎臣. 自治水下机器人在深海采矿系统湖试中的应用. 海洋工程，2006，24（2）：67-71.

刘鑫宇，李一平，封锡盛. 万米级水下机器人浮力实时测量方法. 机器人，2018，40（2）：216-221.

燕奎臣，李一平，袁学庆. 远程自治水下机器人研究. 机器人，2002，24（4）：299-303.

张岳星，李一平，曾俊宝，等. 一种基于多AUV的海洋观测方法：中国，CN202011460917.1. 2021-03-19.

Li Y P, Xu Z Z, Kang X D, et al. Research and development of multiple heterogeneous UUVS simulation system//ISOPE, CNOOC, SK Energy. 20th International Offshore and Polar Engineering Conference. Beijing, 2010: 425-428.

Li Y P, Li S, Feng X S. Research and development of AUVs for deep-sea operation// Marine Technol Soc, IEEE Ocean Engn Soc. Oceans 2009 Conference. Biloxi, 2009: 319-322.

Li Y P, Li S, Zhang A Q. Recent research and development of ARV in SIA//Sixth International Symposium on Underwater Technology. Wuxi, 2009: 87-90.

➤ 4.3.5 李硕

李硕，男，1970年9月出生，中共党员，辽宁省沈阳市人。1992年哈尔滨工业大学工业电气自动化专业毕业后，即到沈阳自动化所从事水下机器人研究工作。1999年，获得中国科学院大学自动控制理论及应用专业硕士学位，2011年，获得中国科学院大学模式识别与智能系统专业博士学位。2009年，被聘为研究员。曾任工程项目处处长、水下机器人研究室主任，现任沈阳自动化所副所长。

长期从事自主水下机器人和自主遥控水下机器人研究，主持构建了水下机器人技术发展谱系。作为核心骨干自1992年起先后参与完成"探索者"号和"CR-01"自治水下机器人的研制及"CR-02"的研制和工程化等工作。2003年，在国内率先开展自主遥控水下机器人技术攻关，在海洋安全、北极科考、深渊科学等领域多次开展应用工作。主持研制的"北极"自主遥控水下机器人于2008年、2010年和2014年先后三次参加北极科考并开辟新的应用领域，创造了多项我国水下机器人在北极冰下环境探测的纪录，为北极科考提供了一种先进的技术手段。2016年起，领导"海斗"号自主遥控水下机器人连续三年参加马里亚纳海沟深渊科考航次，11次到达万米以下深度，最大下潜深度10 905米。2020年，组织领导我国首台万米级作业型自主遥控水下机器人"海斗一号"在马里亚纳海沟实现了4次万米下潜，最大下潜深度10 907米，刷新了我国潜水器下潜深度纪录，该装置首次实现万米近海底自主航行和坐底机械手作业，创造了我国潜水器领域多项第一。

2018年，作为项目负责人的中国科学院战略性先导科技专项"深海探测设备研发"项目通过验收，牵头完成了12型33台套深海技术装备，初步构建了我国最先进的面向海洋科学研究自主观测与作业技术体系。率领团队首次实现基于国产装备的深海大规模协同观测、多深海机器人平台协同科考、空海一体化协同观测试验，开启了我国海洋科考新模式，全面提升了海洋科考作业效率。

兼任机器人学国家重点实验室副主任、中国海洋学会海洋技术装备专业委员会副主任、中国海洋湖沼学会海洋观测分会副理事长。

作为负责人或主要参与者：北极冰下自主遥控水下机器人研制与应用获国家海洋局海洋科学技术奖一等奖（2016年）；"CR-01"自治水下机器人获中国科学院科技进步特等奖（1997年）；无缆水下机器人的研究、开发和应用获国家科学技术进步奖一等奖（1998年）；"海翼"水下滑翔机关键技术与应用获辽宁省技术发明奖一等奖（2018年）；复杂地形下深海资源自主勘查系统关键技术研究与应用获海洋工程科学技术奖一等奖（2018年）；"海翼"水下滑翔机研究集体荣获中国科学院杰出科技成就奖（2019年）。

指导硕士、博士研究生近20名，培养了一支多学科交叉的深海高技术装备研发队伍。发表论文40余篇，获专利10余项。与封锡盛院士共同主编"十三五"国家重点出版物出版规划项目"海洋机器人科学与技术丛书"（龙门书局）25册。主要代表性论文和专利成果包括：

李硕. 从遥控到自主：探海"利器"迈向智能化. 前沿科学，2020，14（3）：82-87.

李硕，刘健，徐会希，等. 我国深海自主水下机器人的研究现状. 中国科学：信息科学，2018，48（9）：1152-1164.

李硕，唐元贵，黄琰，等. 深海技术装备研制现状与展望. 中国科学院院刊，2016，31（12）：1316-1325.

李硕，曾俊宝，王越超. 自治/遥控水下机器人北极冰下导航. 机器人，2011，33（4）：509-512.

李硕，燕奎臣，李一平，等. 6000米AUV深海试验研究. 海洋工程，2007，25（4）：1-6.

李硕，郭廷志，封锡盛. "探索者"号无缆水下机器人控制系统. 机器人技术与应用，1995，8（4）：6-9.

李硕，曾俊宝，唐元贵，等. 一种水下机器人光纤微缆转接装置及其转接方法：中国，CN201110169618.7. 2012-12-26.

李硕，唐元贵，王棣棠，等. 一种补偿式水下无刷直流电机结构及其组装方法：中国，CN200810229336.X. 2010-06-23.

➤ 4.3.6 王晓辉

王晓辉，男，1968年1月出生，中共党员，研究员。1990年，毕业于大连理工大学自动控制专业，1993年，毕业于大连理工大学工业自动化专业并获工学硕士学位，毕业后留校从事教学、科研工作。1998年，调入沈阳自动化所。现任研究所工程项目处处长。

主要从事水下机器人与深海装备技术的研究、开发与应用工作，主持或参与多项国家水下机器人重大项目。2000—2001年，作为"CISTAR自走式海缆埋设机"项目控制系统负责人，赴意大利进行合作研究与开发，为项目研制成功并拥有自主知识产权做出重要贡献。2008年，作为项目负责人带领团队研制了作业型遥控水下机器人，已交付完成若干台套该型装备。

2002年起，任国家"863计划"重大专项7000米载人潜水器"蛟龙"号副总设计师、控制系统子课题负责人，该项目创造了下潜7062米的中国载人深潜纪录，同时也创造了世界同类作业型潜水器的最大下潜深度纪录，标志着我国载人深潜技术已进入国际领先行列，使我国成为少数掌握大深度载人深潜关键技术的国家之一。"蛟龙"号载人潜水器控制系统，具有自主知识产权，是支撑"蛟龙"号实现深海自动航行和悬停定位、安全系统控制等功能的关键系统，是"蛟龙"号三大国际领先技术优势之一。

作为主要完成人曾获国家科学技术进步奖一等奖1项，省部级特等奖1项、一等奖3项。荣获国务院政府特殊津贴、全国"五一劳动奖章"等荣誉，入选辽宁省"百千万人才工程"百层次人才（2009年）。

累计直接或协助指导毕业硕士研究生3人、博士研究生10人，在读博士研究生5人。发表论文80余篇，获专利50余项。主要代表性论文和专利成果包括：

冯迎宾，李智刚，王晓辉，等. 一种自动消除阴极结垢物装置及方法：中国，

CN201310193185.8. 2014-12-03.

郭威, 王晓辉, 赵洋, 等. 全数字化水下灯调光装置: 中国, CN200910010878.2. 2010-09-29.

何立岩, 王晓辉, 李智刚, 等. 一种水下机器人用自动锁栓装置: 中国, CN201110413509.5. 2013-06-19.

何立岩, 王晓辉, 张竺英, 等. 一种锁紧机构: 中国, CN200910012416.4. 2011-01-12.

徐高飞, 王晓辉, 赵洋. 水下机器人推进系统自适应故障诊断. 舰船科学技术, 2020, 42（11）: 95-100.

张将, 王晓辉, 李彬. 一种强作业型水下机器人载体用提升组件: 中国, CN200610155819.0. 2008-07-02.

朱心科, 俞建成, 王晓辉. 水下滑翔机自适应覆盖采样. 机器人, 2012, 34（5）: 566-573, 580.

祝普强, 王晓辉, 郭威, 等. 一种载人潜水器水面监视装置: 中国, CN201020693463.8. 2011-09-07.

Sun K, Wang X H, Li Z G. Application of underwater wireless optical communication technology in seafloor observatory network. Boletín Técnico/Technical Bulletin, 2017, 55(13): 456-464.

Xu G F, Wang X H, Li Z G, et al. Interval prediction of oscillating time series based on grey system modelling. International Journal of Modelling, Identification and Control, 2019, 33(2): 138-151.

➢ 4.3.7 李智刚

李智刚，男，1970年8月出生，中共党员，沈阳自动化所研究员。现任沈阳自动化所水下机器人研究室主任。

主要从事水下机器人及相关海洋技术装备研究、开发与示范应用。多年来主持和参加了多项国家"863计划"、科技支撑计划、重点研发计划项目及横向项目等。

主持开发的"海极"号遥控式水下机器人被用于北极冰下科学考察，在设计上进行了多项技术创新，解决了极地高纬度导航难题，面向恶劣环境的作业能力有较大提升，多次在应急保障任务中发挥重要作用，为海上搜探打捞作业探索了新的模式。主持完成微型无人专用潜水器（微型ROV）的研制和海上试验工作，其中"龙珠"号微型ROV首次搭乘"蛟龙"号并获取海底作业影像，验证了微型ROV各项功能，探索了两类潜水器的"子母式"协同作业模式。作为课题负责人和总师主持完成了快速反应型ROV的研制，已多次在应急保障任务中发挥重要作用；完成中国科学院重大科技基础设施预先研究项目"海底观测网接驳盒与组网技术"课题，以此为核心技术建设的"中国科学院南海三亚海底观测示范系统"成为我国首个全系统海底观测网。组织完成国家科技支撑计划"深水溢油事故处置机器人研制"，提出了水下机器人辅助钻孔抽油一体化装备在水下溢油事故处置过程中的作业技术和方法，为提高我国深水溢油事故处置能力和水平发挥了重要作用。组织实施"海星6000"深海科考型ROV试验和应用，创造了我国自主研发遥控式水下机器人最大潜深纪录。

直接或协助指导博士、硕士研究生10余名。兼任《机器人》《中国海洋平台》等杂志编委，交通运输航海安全标准化技术委员会等委员。

作为主要完成人获省部级科技进步奖二等奖以上奖励4项。入选辽宁省"百千万人才工程"百层次人才（2015年），获评沈阳市高层次领军人才（2018年）。

出版专著2部，发表论文30余篇，申请各类专利30余项，专著、主要代表性论文和专利成果包括：

冯冠华，李智刚，冯迎宾，等. 多金属结核概念车浮游体的外形设计及阻力特性分析. 海洋学研究，2017, 35（1）：80-85.

冯迎宾，李智刚，王晓辉，等. 海底观测网光电复合缆开路故障识别及区间定位方法. 电力系统自动化，2015, 39（10）：151-156.

何立岩，李智刚. 水密连接器理论及应用. 北京：龙门书局，2020.

何震，李智刚，冯迎宾，等. 遥控自走式管道清洗设备：中国，CN201510909446.0.

2017-06-20.

何震, 李智刚, 何立岩, 等. 一种海底观测网主接驳盒结构: 中国, CN201310 446027.9. 2015-04-15.

李智刚, 冯迎宾, 孙凯. 海底观测网. 北京: 龙门书局, 2020.

李智刚, 武越, 冯迎宾. 一种水下云台自动清洁的方法与系统: 中国, CN2014 10483238.4. 2016-04-13.

潘立雪, 冯迎宾, 李智刚, 等. 一种小型遥控水下机器人共缆传输装置及方法: 中国, CN201310747106.3. 2015-07-01.

杨鸣宇, 赵洋, 李智刚, 等. 水下机器人补偿器位移检测传感器及其检测方法: 中国, CN201310616490.3. 2015-06-03.

Sun K, Wang X H, Li Z G. Application of underwater wireless optical communication technology in seafloor observatory network. BoletínTécnico/Technical Bulletin, 2017, 55(13): 456-464.

Sun K, Xu H L, Li Z G, et al. The Research of Analysis Strategy of Transmission Performance in Subsea Observatories. Piscataway: IEEE, 2015: 1-3.

Xu G F, Wang X H, Li Z G, et al. Interval prediction of oscillating time series based on grey system modelling. International Journal of Modelling, Identification and Control, 2019, 33(2): 138-151.

➢ 4.3.8 郑荣

郑荣, 男, 1963年2月出生, 中共党员。1984年, 毕业于东北重型机械学院液压传动与控制专业, 1987年, 硕士毕业于东北工学院流体传动与控制专业, 并进入沈阳自动化所工作。现任沈阳自动化所海洋信息技术装备中心副主任, 研究员。

自2000年开始, 主要从事水下机器人方向研究工作。任"长航程自主水下机器人"项目副总师, 负责总体结构和动力推进部分, 和团队一起解决了减阻降噪等关键技术问题, 为装备研制成功做出了重要贡献。

2016年后，致力于水下自主对接技术和无人水面艇自主布放水下机器人技术的研究，所属团队在该领域居于国内领先地位。带领团队成功完成了国内首次自主水下机器人与水下动基座对接湖上试验，实现了自主水下机器人与水下静基座对接的工程化，以及无人水面艇对水下机器人的自主回收。上述技术的突破，对自主水下机器人的应用具有开创性意义。

指导和培养硕士、博士研究生10余人。作为主要完成人参加的"长航程自主水下机器人"获国防科技进步奖一等奖（2014年），"长航程自主水下机器人研究集体"获中国科学院杰出科技成就奖（2014年）。

发表论文40余篇，其中期刊论文32篇。申请和授权专利140余项，其中发明授权专利40余项，主要代表性论文和专利成果包括：

吕厚权，郑荣，杨斌，等. 水下自主机器人航向控制算法应用研究. 舰船科学技术，2020，42（3）：108-114.

宋涛，郑荣，梁洪光. 水下拖曳体自主布放回收装置设计与研究. 舰船科学技术，2020，42（7）：96-101.

魏奥博，郑荣. SVR辅助SINS-DVL的水下机器人组合导航方法. 舰船科学技术，2020，42（1）：161-167.

杨博，郑荣，张斌，等. 一种自主水下机器人布放回收单点起吊止荡保护装置：中国，CN201710864962.5. 2019-03-29.

张斌，郑荣，梁保强，等. 一种自动脱钩装置：中国，CN201510882200.9. 2017-06-13.

郑荣，谷海涛，林扬，等. 潜水器拖航式布放与回收装置及其方法：中国，CN201210460123.4. 2013-04-24.

郑荣，胡志强，朱兴华，等. 一种三体构型的长期定点观测型水下机器人：中国，CN201410627558.2. 2016-06-08.

郑荣，梁洪光，于闯，等. 一种水下对接装置：中国，CN201711329091.3. 2019-06-21.

郑荣，吕厚权，于闯，等. AUV与自主移动坞站对接的技术研究及系统设计实现. 机器人，2019，41（6）：713-721.

郑荣，马艳彤，张斌，等. 基于垂向推进方式的AUV低速近底稳定航行. 机器人，2016，38（5）：588-592.

郑荣，宋涛，孙庆刚，等. 自主式水下机器人水下对接技术综述. 中国舰船研究，2018，13（6）：43-49，65.

郑荣，武建国，徐会希. 一种用于自治水下航行器附体分离的低噪音分离机构：中国，CN201110440833.6. 2013-06-26.

郑荣，辛传龙，汤钟，等. 无人水面艇自主部署自主水下机器人平台技术综述. 兵工学报，2020，41（8）：1675-1687.

➤ 4.3.9 孙斌

孙斌，男，1964年5月出生，中共党员。1987年，毕业于哈尔滨工业大学流体传动与控制专业，1994年，毕业于沈阳自动化所模式识别与智能控制专业并获工学硕士学位。现任沈阳自动化所研究员。

长期从事水下机器人相关技术的研究与开发工作。作为课题负责人和主要参加者完成了多项科研课题，包括YQ2型ROV、TSP901型自走式海缆埋设机、1000米作业型遥控潜水器、深潜救生艇收放系统、海缆埋设机吊放拖曳设备、6000米深海科考型ROV系统等。其中在6000米深海科考型ROV系统和中国科学院战略性先导科技专项A类项目课题作为负责人，组织课题论证、方案设计和详细设计。2017年9月底完成了6000米级深海试验，填补了我国6000米级深海ROV的空白，使我国跨入继美国、日本、法国等世界上少数拥有6000米级ROV国家的行列；2018年完成了首次科考应用试验航次，最大工作深度6001米，再次创造了我国ROV最大潜深纪录。

作为主要完成人获中国科学院科技进步奖二等奖1项，辽宁省科学技术进步奖一等奖和二等奖各1项，首批沈阳市高层次人才"领军人才"（2018年）。

在队伍建设和人才培养方面，已指导毕业硕士研究生7名。已发表论文10余篇，申请专利80余项，其中授权发明专利30余项。主要代表性论文和专利成果包括：

常晴晴，孙斌，高世阳. 基于 AMESim 与 SIMULINK 的双绞车恒张力控制研究. 液压与气动，2011（10）：107-110.

杜林森，孙斌，张奇峰，等. 一种紧凑型外控直动式溢流阀：中国，CN201310639444.5. 2015-06-03.

李彬，孙斌，张竺英，等. 一种收放拖曳海缆埋设机用双卷筒摩擦绞车：中国，CN201310639660.X. 2015-06-03.

李玲珑，孙斌，张奇峰. 阀控非对称缸液压伺服系统建模与仿真分析. 煤矿机械，2011，32（10）：89-91.

刘辰辰，张奇峰，孙斌. 深海力感知多指手结构设计与仿真分析. 现代制造工程，2019（11）：42-49.

孙斌，张竺英，霍良青，等. 一种水下液压伺服阀压力补偿结构：中国，CN201210435791.1. 2014-05-14.

孙天俊，孙斌，张竺英，等. 一种储缆绞车液压系统：中国，CN201510940533.2. 2017-06-23.

张奇峰，孙斌，李智刚. 6000 米级遥控潜水器"海星 6000"——中国科学院沈阳自动化研究所成果. 科技成果管理与研究，2019（4）：45.

➢ 4.3.10　刘健

刘健，男，1962年11月出生。1984年，获得大连理工大学学士学位，1988年，获得大连理工大学硕士学位。1989年，到沈阳自动化所工作，现任沈阳自动化所研究员。

主要从事工业控制、光电信息跟踪、水下机器人等方向的研究，2000年开始从事自主水下机器人的研究与开发工作。

多年来曾参加过的水下机器人领域主要项目包括：担任"长航程自主水下机器人"项目副总设计师；作为项目负责人于

2011—2015年主持中国大洋协会《国际海域资源调查与开发十二五规划》重点项目"6000米无人无缆潜器实用化改造"（"潜龙一号"）；作为总设计师，分别参加了国家"863计划"重大项目课题"4500米级深海资源自主勘查系统"（"潜龙二号"）、中国大洋协会《深海海底区域资源勘探与开发"十三五"规划》重点项目"4500米级自主潜水器"（"潜龙三号"）以及中国科学院战略性先导科技专项"深海探测设备研发"项目子课题"探索4500"（"深海热液探测AUV系统"）；作为项目负责人参加了国家重点研发计划"深海关键技术与装备"重点专项项目"长航程智能化自治式潜水器研制"。

作为主要完成人曾获中国海洋工程科学技术奖一等奖（2018年），国防科学技术进步奖一等奖（2014年），中国科学院杰出科技成就奖（2014年），中国自动化领域2016年度人物，第十一届沈阳市优秀科技工作者（2014年）。指导硕士研究生20余名，其中有很多已成为水下机器人领域的科研骨干。

已发表论文80余篇、申请专利90余项，其中授权发明专利60余项。主要代表性论文和专利成果包括：

冷静, 刘健, 徐红丽. 实时避碰的无人水面机器人在线路径规划方法. 智能系统学报, 2015, 10（3）: 343-348.

刘健, 冀大雄. 用固定单信标修正水下机器人导航误差. 控制与决策, 2010, 25（9）: 1354-1358.

刘健, 李冬冬, 冀大雄. AUV海洋温跃层检测方法综述. 海洋技术学报, 2014, 33（5）: 127-136.

刘健, 林扬, 梁保强, 等. 一种基于深度控制的水下航行体保护装置及方法: 中国, CN201210462287.0. 2013-04-24.

刘健, 王轶群, 刘铁军, 等. 一种海底地形自动生成的方法: 中国, CN201310636913.8. 2015-06-03.

刘健, 于闯, 刘爱民. 无缆自治水下机器人控制方法研究. 机器人, 2004, 26（1）: 7-10.

刘健, 张永军, 武建国, 等. 一种用于自治水下航行器回收的抛绳器机构: 中国, CN201310640026.8. 2015-06-03.

马振波，刘健，赵宏宇，等. 一种用于水下机器人的自容式示位灯标及其控制方法：中国，CN201410699141.7. 2016-06-22.

王晓飞，刘健，徐会希，等. 一种深海可旋转推进器装置：中国，CN20151082
9854.5. 2017-05-31.

许以军，刘健，徐会希，等. 基于长基线或超短基线组网的深海导航定位系统及方法：中国，CN201610602015.4. 2018-02-06.

朱宝彤，刘健，徐会希，等. 一种用于水下机器人的可升降的示位灯标装置：中国，CN201510829986.8. 2017-05-31.

Ji D X, Liu J, Zhao H Y, et al. Path following of autonomous vehicle in 2D space using multivariable sliding mode control. Journal of Robotics, 2014, 2014: 1-6.

➤ 4.3.11 郭威

郭威，男，1971年11月出生，中共党员。1993年沈阳工业大学工业电气自动化专业毕业后，进入沈阳自动控制研究设计院从事电气系统设计。1997—2000年，就读于沈阳工业大学电力电子及电力传动专业并获硕士学位。2000年7月至2013年7月，在沈阳自动化所从事水下机器人研发工作，2009年，晋升为研究员。2013年，调入上海海洋大学，2019年起，任中国科学院深海科学与工程研究所研究员、博导。

现主要从事潜水器总体及相关控制技术的研究。在沈阳自动化所期间参加了"蛟龙"号载人潜水器等重要工程项目的研制工作，曾任控制系统课题副组长、执行负责人，控制系统主任设计师。主持或参与多项国家"863计划"和国家自然科学基金课题。

作为主要完成人曾获海洋工程科学技术奖一等奖（2013年），中国科学院杰出科技成就奖（2014年），中国造船工程学会科学技术奖特等奖（2015年）。入选辽宁省"百千万人才工程"百层次人才（2011年），获人力资源和社会保障部/国家海洋局授予的蛟龙号载人潜水器7000米级海试先进个人（2012年），获中国科学院杰出科技成就奖突出贡献者称号（2014年），获海南省领军人才称号（2019年）。

发表核心期刊论文40多篇，其中第一作者或通讯作者20多篇；出版专著一部。获授权专利40多项，其中第一发明人7项，第一设计人10项。主要代表性论文和专利成果包括：

郭威，崔胜国，赵洋，等. 一种遥控潜水器控制系统的研究与应用. 机器人，2008，30（5）：398-403.

郭威，崔胜国，赵洋，等. 一种遥控水下机器人通信系统. 电气自动化，2008，30（5）：34-35，40.

郭威，葛新，徐亮，刘开周. 一种水下机器人辅助控制系统：中国，CN201110323857.3. 2013-04-24.

郭威，关玉林，王晓辉，等. 一种水下灯调光系统：中国，CN200810010981.2. 2009-10-14.

郭威，刘开周，王晓辉. 一类载人潜水器的导航技术研究. 机器人，2005，27（5）：406-409.

郭威，王明明. 一种改进的无刷直流电机霍尔信号倍频测速方法. 微电机，2012，45（1）：74-75，84.

郭威，王明明. 一种基于霍尔元件的无刷直流电机测速装置及其控制方法：中国，CN200910220202.6. 2011-06-01.

郭威，王晓辉，赵洋，任福林，崔胜国. 全数字化水下灯调光装置：中国，CN200910010878.2. 2010-09-29.

郭威，王晓辉. 载人潜水器应急运动控制装置：中国，CN200410050656.0. 2006-04-26.

郭威，徐亮. 基于Vega Prime的收放装置新型监控系统. 制造业自动化，2013，35（12）：41-45.

郭威，赵洋，崔胜国，等. 一种水下机器人系缆长度和运动方向的检测技术. 仪器仪表学报，2008，29（S）：159-161.

孙洪鸣，郭威，周悦，等. 全海深着陆车机构设计及其潜浮运动性能分析. 机器人，2020，42（2）：207-214.

4.4 第三、第四代主要代表人物学术小传

迈入21世纪，沈阳自动化所水下机器人事业踏上了快车道。从20世纪80年代的初创探索阶段，到80年代中后期的引进消化阶段，21世纪开始步入自主创新阶段。经历了第一代和第二代从事水下机器人事业的前辈们的不懈努力和奋勇拼搏，在老一辈的培养和带动下，沈阳自动化所新一代"海人"开始茁壮成长，涌现出一批年轻骨干人才，推动沈阳自动化所水下机器人学科不断开拓进取。

第三、第四代"海人"都经过严格的水下机器人学科的专业训练，大多具有硕士或博士学位，有些人还曾到国外学习或进修，他们的成长环境和试验条件明显好于前两代学者，所学专业领域也更为宽泛。在继承前人求真务实、甘于奉献精神的基础上，思想上更为活跃，敢闯敢干、敢为人先。他们中的许多人如今已成为某一领域的学术带头人，在国内水下机器人学科崭露头角，开始独当一面。

➤ 4.4.1 刘开周

刘开周，男，1976年3月出生，中共党员。分别于1999年和2002年获沈阳工业大学工业自动化专业学士学位和控制理论与控制工程专业硕士学位，2007年，获中国科学院大学机械电子工程专业博士学位。2013—2014年，赴英国南安普敦大学电子与计算机系做访问学者。2002年至今，在沈阳自动化所学习和工作，现任研究员。

从事水下机器人技术研究与开发，主要研究方向为水下机器人系统建模、高精度导航、自主控制、半实物实时仿真和系统

集成等。先后负责或参与国家重点研发计划项目、国家"863计划"重点项目课题、国家自然科学基金面上项目、国家重点基础研究发展计划（"973计划"）项目专题、中国科学院战略性先导科技专项子课题等项目20余项。开展海洋机器人在复杂环境下水下高精度导航、鲁棒控制、系统建模与仿真等关键技术攻关，研制"蛟龙"号控制系统、"深海勇士"号控制系统、"观海"号无人水面艇、升力型高速自主水下机器人、远程自主水下机器人半物理仿真系统、小型水下机器人运动特性陆上测试仪等海洋机器人核心系统与装备，并作为国内首批试航员参加"蛟龙"号深潜试验。

在国内外学术期刊和会议上发表学术论文90余篇，其中SCI、EI、ISTP检索60余篇，获得授权国家发明专利9项，实用新型专利12项，撰写专著2部。指导或协助指导博士、硕士研究生20余名。

曾获中国科学院杰出科技成就奖（2013年）、中国造船工程学会科学技术奖特等奖（2014年）、国家科学技术进步奖一等奖（2017年）、中国侨界贡献奖一等奖（2020年）等奖项。获中共中央、国务院授予的"载人深潜英雄"（2012年）、辽宁青年五四奖章（2014年）等荣誉称号，入选中国科学院"青年创新促进会"优秀会员（2015年）、辽宁省"百千万人才工程"百层次人才（2017年）和"兴辽英才计划"科技创新领军人才（2019）等。兼任中国自动化学会机器人专业委员会委员（2011年至今），辽宁省自动化学会委员（2011年至今），以及沈阳市沈河区第十八、十九届人大代表（2017年至今）。

➤ 4.4.2 于闯

　　于闯，男，1976年1月出生。1998年吉林大学计算数学及其应用软件专业毕业后进入沈阳自动化所工作至今，现任研究员。

　　长期从事水下机器人学科软件研究、设计与开发工作。主要研究方向为水下机器人软件的系统建模、控制、导航、自主对接等。先后在中国科学院

重点项目、重点部署项目、中国科学院战略性先导科技专项等多个项目的研究和开发中担任控制软件负责人、控制软件主任设计师、软件系统负责人、项目副总设计师。设计并组织开发的重型和大型水下机器人的整套软件有效地支撑了项目的成功,设计的冗余控制方法、故障检测和应急处理方法有效地提高了任务执行率,设计的自主对接方法大大提高了对接的成功率。

已发表学术论文8篇,申请专利30余项,获得软件著作权10余项,组织整理了30多项软件模块,供设计人员使用。

积极培养水下机器人学科的软件设计人员,团队中已有多人成为水下机器人学科的科研骨干。曾获中国科学院杰出科技成就奖(2014年)、国防科学技术进步奖一等奖(2014年)、辽宁省技术发明奖二等奖(2019年),入选辽宁省"百千万人才工程"千层次人才(2016年)。

➢ 4.4.3 徐会希

徐会希,男,1975年12月出生,中共党员。分别于1999年和2002年获东北大学机械电子工程专业学士学位和机械设计及理论专业硕士学位。2002年至今在沈阳自动化所水下机器人研究室工作,现任正高级工程师,硕导。

长期从事自主水下机器人总体技术、载体结构、布放回收、自主对接等方面的研究工作。主持和参与完成国家"863计划"、国家重点研发计划、中国科学院战略性先导科技专项、中国大洋协会国际海域资源调查与开发项目等10余项科研项目,在深海自主水下机器人研发和大洋资源勘查应用方面做出了突出贡献。作为主任设计师和总师助理完成了"长航程自主水下机器人"项目的研制,作为总设计师研发了我国首套长航程隐蔽水下移动观测型自主水下机器人,作为总设计师主持研发了我国具有自主知识产权的首台实用型6000米级自主水下机器人"潜龙一号",作为副总师参与了"潜龙二号"和

"探索4500"自主水下机器人的研制，带领深海自主水下机器人团队逐步形成了"潜龙"和"探索"谱系化的深海自主水下机器人装备体系，突破了自主水下机器人布放回收、复杂海底环境下的自主避碰、基于声学定位的深海导航定位、深海综合探测等关键技术，推动了深海自主水下机器人在大洋资源勘查领域的业务化应用。

撰写《自主水下机器人》专著1部，在国内外期刊或会议发表论文20余篇，申请专利80余项，授权50余项。

曾获国防科学技术进步奖一等奖（2014年）、中国科学院杰出科技成就奖（2014年）、海洋工程科学技术奖一等奖（2018年）。荣获中国十大海洋人物（2013年）、辽宁省直属机关青年五四奖章（2015年）、辽宁省青年五四奖章（2016年）等荣誉称号。"潜龙一号"项目组荣获2014中国自动化领域年度团队，2016年获中国科学院关键技术人才项目支持。

➤ 4.4.4 胡志强

胡志强，男，1980年5月出生，中共党员。2002年，哈尔滨工程大学船舶工程专业毕业后即进入沈阳自动化所工作。2013年，获中国科学院大学机械电子工程专业博士学位。

长期从事海洋机器人总体技术研究，包括长航程水下机器人、半潜式无人艇和水面无人艇。现为沈阳自动化所海洋机器人前沿技术中心副主任，研究员。

参与了"长航程自主水下机器人"项目的研制，主要负责外形设计、水动力性能分析与预报等工作。担任中国科学院"十二五"重点部署项目的副总设计师，提出大型水下机器人研究方向以及水面/水下混合海洋机器人新概念，负责流体、结构、动力、推进等技术与系统的研发。作为技术负责人完成了半潜式无人艇预研项目，在国内最早开展这类无人艇的研究，提出翼身融合无人艇概念，研制出原理样机。主持研制了用于水下机器人试验保障的水面跟踪无人艇。主持开展超大型水下机器人、微型水下机器人和潜空跨域海洋机器人的研发工作，同时开展水下机器人集群技术研究。

在国内外学术期刊和会议上发表学术论文60余篇，其中SCI、EI检索40余篇，申请专利40余项，撰写专著2部。指导或协助指导博士、硕士研究生20余名。

曾获中国科学院杰出科技成就奖（2014年），入选辽宁省"百千万人才工程"千层次人才（2015年）。

➢ 4.4.5　祝普强

祝普强，男，1979年3月出生，中共党员。2002年，东北大学机械工程与自动化学院毕业后即进入沈阳自动化所工作，现任沈阳自动化所正高级实验师。2019年，赴广州筹建广东智能无人系统研究院。

从事水下机器人和深海装备技术的研究、开发与应用工作，侧重载人潜水器控制技术及核心部件研究。参与或主持了几十项国家水下机器人重大科研项目，包括我国首台7000米载人潜水器"蛟龙"号的研制，担任4500米载人潜水器"深海勇士"号控制系统负责人，所带领的团队完成了万米载人潜水器"奋斗者"号控制系统的研制。同时，在无人潜水器方面从事遥控潜水器及布放回收技术的研究，研制了多台套遥控潜水器，担任6000米级遥控潜水器"海星6000"收放系统副总师。

在国内外学术期刊和会议上发表学术论文20余篇，申请专利30余项，软件著作权10余项。

曾获中国科学院杰出科技成就奖（2013年）、辽宁省职工十大创新成果之首（2013年）、工人先锋队（2014年）、全国五一劳动奖状（2014年）、全国专业技术人才先进集体（2014年）、中国造船工程学会科学技术奖特等奖

（2015年）、中国造船工程学会科学技术奖特等奖（2019年）等奖项。荣获中国科学院首届十佳"科苑名匠"（2018年）、国家海洋局与人力资源和社会保障部"蛟龙号载人潜水器7000米级海试先进个人"（2012年）等荣誉称号。

➤ 4.4.6 俞建成

俞建成，男，1976年10月出生，中共党员。2003年，毕业于东北大学并获硕士学位，毕业后即进入沈阳自动化所开展水下机器人研究工作。2006年，获得沈阳自动化所博士学位。2009—2010年，赴美国佐治亚理工学院做访问学者。现任沈阳自动化所海洋机器人前沿技术中心主任，研究员。

主要从事长续航力海洋机器人关键技术与系统、新概念海洋机器人、海洋机器人自主观测理论与技术等研究。先后主持各类科研项目近20项，其中国家重点研发计划项目1项、国家"863计划"项目2项、国家自然科学基金项目3项、中国科学院战略性先导科技专项课题3项。在水下滑翔机与长航程自主水下机器人研发、海洋机器人自主观测技术与应用等方面做出了突出贡献。

已发表期刊学术论文90余篇，撰写专著2部，获授权发明专利20余项。曾获辽宁省技术发明奖一等奖（2018年，排名第1）、中国科学院杰出科技成就奖（2019年，排名第1）。荣获海洋人物（2017年）、中国自动化领域年度人物（2018年）、辽宁省"兴辽英才计划"科技创新领军人才（2019年）、国家"万人计划"科技创新领军人才（2019年）、沈阳市十大科技英才（2020年）等。

➤ 4.4.7 张奇峰

张奇峰，男，1979年8月出生，中共党员。2001年，毕业于哈尔滨工业

大学流体传动控制及自动化专业，2003年，获该校动力工程专业硕士学位并到沈阳自动化所继续攻读，于2007年获机械电子专业博士学位，2006年提前留所工作至今。2016年，在美国佐治亚理工学院交流访问。现任水下机器人研究室副主任，研究员。

主要从事水下机器人装备研发与作业技术研究。作为课题负责人、项目首席专家带领团队研制出我国首套7000米深海机械手，突破了大深度液压机械手驱动、密封、伺服控制、结构件及电子元器件承压等关键技术难题，机械手已配备于我国"深海勇士"号载人潜水器和"海星6000"遥控潜水器，并随潜水器完成水下考古、科考及打捞等多项作业任务；作为项目负责人开展全海深机械手研制工作，填补了我国全海深机械手研制的空白，研制的全海深主从伺服液压机械手和电动机械手分别配备于我国"奋斗者"载人潜水器和"海斗一号"无人潜水器，均突破万米深度完成深渊作业；团队研制的深海机械手出口俄罗斯，实现了我国深海机械手出口零的突破；担任我国首套6000米ROV研制"海星6000"项目副总师，目前开展我国首套7000米ROV、深渊ROV和深渊实验站的研制工作。

发表学术论文80余篇，授权发明专利11项。曾获辽宁省技术发明奖一等奖（2020年，第一发明人）。入选中国科学院"青年创新促进会"（2014年），辽宁省"百千万人才工程"千层次人才（2016年），首批沈阳市高层次人才"领军人才"和辽宁省"兴辽英才计划"青年拔尖人才（2018年），辽宁省"百千万人才工程"百层次人才（2019年）。

➢ 4.4.8 唐元贵

唐元贵，男，1980年12月出生，中共党员。2003年，沈阳工业大学机械设计制造及其自动化专业毕业后，进入沈阳自动化所继续深造。2010年，获中国科学院大学机械电子工程专业博士学位，并于2007年在读博士研究生期间提前留所工作，现任沈阳自动化所研究员。

主要从事自主遥控水下机器人研究。主持完成国家自然科学基金等项目6项，主持实施国家重点研发计划等项目3项，作为骨干参与完成国家级科研项目11项。作为总师和执行负责人，带领团队成功研制了我国首台万米级全海深自主遥控水下机器人"海斗"号和我国首台作业型全海深自主遥控水下机器人"海斗一号"，填补了我国全海深无人作业水下机器人的空白。

培养和指导研究生5名。发表学术论文40余篇，其中SCI或EI检索论文20余篇；申请发明专利50余项，其中已授权发明专利15项。

曾获海洋科学技术奖一等奖（2016年）、中国科学院沈阳分院"优秀青年科技人才奖"（2016年）、辽宁省第十一届辽宁青年科技奖（十大英才，2017年）。入选辽宁省"兴辽英才计划"青年拔尖人才（2018年）、辽宁省"百千万人才工程"百层次人才（2020年）等。

➢ 4.4.9　谷海涛

谷海涛，男，1981年11月出生，中共党员。2003年，中国科学技术大学机械设计制造及其自动化专业本科毕业后，进入沈阳自动化所继续深造，于2011年毕业于中国科学院研究生院机械电子工程专业，获工学博士学位。2007年，在读博士研究生期间提前留所工作。2016—2017年，赴美国密歇根大学和田纳西大学做学术访问交流。现任沈阳自动化所研究员。

长期从事水下机器人总体技术研究与装备开发工作，包括长航程水下机器人、水面机器人、超长时海底驻留系统、海洋机器人多学科设计优化方法、水面与水下机器人协作共融技术等。作为项目负责人主持完成国家自然科学基金青年基金项目"仿生扑翼水下推进机理研究"。作为主任设计师完成"长航程自主水下机器人"项目的定型和生产，主持研制了数十套保障设备，填补了拖航布放回收水下机器人的技术空白。作为主要完成人参加中国科学院重点部署项目"混合型海洋机器人技术研究"，该项目是国内首次提出并率先实现的基于油电混合动力、具备自主决策能力的海洋机器人；成功研制了全系统多套动作机构，创新研制了两级可折叠式通气桅杆，解决了半潜状态下的油电混合动力进排气问题；在国内率先实现任务载荷在大型无人航行器上的集成搭载和自主控制，并完成海上实航验证。在国内率先完成了水面机器人对水下机器人的自主回收关键技术验证，拓展了水面机器人在海洋测绘、海事安全监管等领域的示范应用。牵头完成下一代海洋机器人综合立项论证并获专用技术重大项目资助，作为总设计师，带领科研团队联合国内优势单位，牵头开展专用技术攻关和系统研发。

培养和指导硕士、博士研究生10余名。发表学术论文近40篇，申请发明专利30余项。曾获中国科学院杰出科技成就奖（2014年），2013年入选中国科学院"青年创新促进会"，2016年入选中国科学院"十二五"突出贡献团队，2018年入选辽宁省归国华侨联合会特聘专家，2020年获得中国科学院沈阳分院优秀共产党员称号。

➤ 4.4.10　朱兴华

朱兴华，男，1980年10月出生，中共党员。2005年，毕业于哈尔滨工程大学，获机械电子工程专业硕士学位。毕业后即进入沈阳自动化所工作，现任正高级工程师。

从事水下机器人研究，主要研究方向为海洋机器人总体技术、海洋机器人结构/机构设计技术、海洋机器人复杂载荷自动化技术等。作为主任设计师完成"长航程自主水下机器人"项目的定型和生产。作为课题负责人主持完成中国科学院装备预研联合基金课题"水下自主导引与对接技术"研究。作为总体结构系统负责人完成中国科学院重点部署项目"长航时水下无人系统"的研制，该系统为国内首次提出并率先实现的油电混合动力海洋机器人。作为课题执行负责人，完成中国科学院重点部署课题，建立了自主水下机器人的减振降噪关键技术验证环境。

申请发明专利30余项，发表论文近10篇，软件著作权登记1项。曾获国防科学技术进步奖一等奖（2014年）、中国科学院杰出科技成就奖（2014年）、中国科学院沈阳分院优秀青年科技人才奖（2014年）。入选中国科学院"十二五"突出贡献团队（2016年）、中国科学院"青年创新促进会"（2016年），中国科学院关键技术人才（2018年），沈阳市高层次人才"拔尖人才"（2020年）。

➢ 4.4.11　刘铁军

刘铁军，男，1971年1月出生。本科毕业于吉林工业大学工业自动化专业，硕士毕业于沈阳自动化所机械电子工程专业，1993年本科毕业后在沈阳自动化所工作，现任研究员。

先后从事光电信息处理技术和水下机器人研制等工作，自2006年开始从事水下机器人技术研究。作为项目牵头人参加的项目包括中国科学院战略性先导科技专项课题"长期定点剖面观测型AUV系统"、科技部重点研发计划全海深自主水下机器人的智能安全作业技术、海洋观测设备水下投放系统研究及演示验证等。作为核心骨干成员参加了"潜龙一号"和半潜式水下机器人的研制等。组织完成两次南极科学考察任务并参加了中国第35次南极科考，首次实现了我国自主水下机器人在南极海域的科考应用，曾创造我国深海自主水下机器人水下连续自主作业时间最长纪录。

发表学术论文10余篇，申请专利30余项。作为主要完成人参加的"探索1000自主水下机器人研制与科学应用"项目获中国海洋协会海洋科学技术奖一等奖（2020年）。

➤ 4.4.12　李德隆

　　李德隆，男，1981年8月出生。2006年，毕业于沈阳工业大学，获测控技术与仪器专业硕士学位，同年进入沈阳自动化所工作至今。现任正高级工程师。

　　长期从事海洋机器人研究与系统开发工作，主要研究方向为海洋机器人总体技术、海洋机器人控制系统建模设计及性能分析、海洋机器人载荷信息处理及综合控制等。作为主要参研人员参与长航程自主水下机器人的研制，突破了远程水下机器人自主控制、水下高精度组合导航技术等难题，使水下机器人具备了远距离航行作业能力。作为主要负责人参加了中国科学院重点部署项目，在国内首次提出并率先实现了以油电混合能源为动力、具备自主决策能力的大型海洋机器人。作为主要负责人面向无人水面作业的需求在国内较早地开展水面机器人技术研究与系统研制，先后开发了"先驱"号水面无人跟踪艇、"勇士"号水面巡逻无人艇、"远航一号"中型水面无人作业艇等多型无人艇装备，在海油检测、风电运维、海事监管、维权执法等领域实现了示范应用。

　　曾获中国科学院杰出科技成就奖（2014年）、国防科学技术进步奖三等奖（2014年），2017年入选中国科学院"青年创新促进会"，荣获中国科学院关键技术人才称号（2020年）。

➤ 4.4.13　田宇

　　田宇，男，1982年10月出生，中共党员。2004年，毕业于哈尔滨工程大学获船舶与海洋工程专业工学学士学位，2007年，毕业于哈尔滨工程大学船舶与海洋结构物设计制造专业获工学硕士学位，2012年，毕业于中国科学院大学机械电子工程专业获工学博士学位。2012年起于沈阳自动化所工作至今。在此期间，于2015年赴美国佐治亚理工学院做访问学者。现任沈阳自动化所研究员。

长期从事水下机器人领域的研究，主要研究方向包括水下机器人自主行为设计与规划、水下机器人智能感知与智能控制、基于水下机器人的海洋环境移动观测网络与水下目标探测网络等。作为项目负责人和骨干，承担科技部、国家自然科学基金委、中国科学院、机器人学国家重点实验室等项目10余项。

指导或协助指导博士、硕士研究生10余人。撰写中文学术专著2部、英文手册章节1章、发表学术论文30余篇。曾获中国科学院杰出科技成就奖（2020年）。入选辽宁省"百千万人才工程"万层次人才（2014年）。沈阳自动化所百人计划（2019年）、中国科学院"青年创新促进会"（2016年）、沈阳市高层次人才计划领军人才（2022年）、辽宁省"兴辽英才计划"青年拔尖人才（2020年）。

➤ 4.4.14 徐红丽

徐红丽，女，1978年3月出生，中共党员。2001年太原科技大学机械工程及自动化专业毕业后，即进入沈阳自动化所攻读水下机器人方向研究生，并于2009年获得中国科学院研究生院模式识别与智能系统专业博士学位。毕业后留沈阳自动化所工作至2020年7月，历任副研究员、研究员。在此期间，于2015年6月至2016年6月赴美国康涅狄格大学做访问学者。2020年8月调入东北大学，任教授、博导。

长期从事水下机器人控制相关的理论研究与应用系统开发，主要研究方向包括：自主水下机器人实时避碰规划、多水下机器人协同控制、海洋机器人集群控制、水下机器人自主对接与导引控制、水下声呐图像目标识别等。

作为项目负责人，承担国家自然科学基金、国防科技创新特区等国家或省部级项目/课题10余项。作为智能层软件负责人参研我国首型长航程自主水下机器人，提出了基于事件反馈监控的自主水下机器人模糊避障方法，克服了测距声呐输出数据不准确性的难题。作为项目负责人，率领团队开展了基于多波束图像声呐的自主水下机器人实时避碰研究，提出了基于有限自动机的自主水下机器人三维实时避碰体系结构框架，基于模糊聚类和多源数据融合的声呐图像目标自主识别方法和基于免疫遗传的实时路径规划算法等，在国内率先研制出基于多波束图像声呐的自主水下机器人实时避碰规划系统样机，并应用于"潜龙二号""探索4500"等重大自主水下机器人系统。

发表学术论文60余篇，其中SCI收录论文10余篇。曾获国防科技进步奖三等奖（2014年）、中国科学院杰出科技成就奖（2014年），辽宁省技术发明奖二等奖（2019年）。

4.5 水下机器人事业的重要推动者

20世纪80年代前后，因水下机器人技术处于起步阶段，在科技界乃至整个中国还是一个新兴的未知领域，当时无论是高层领导还是普通科研人员，对其重要性和前景都缺乏足够的了解与认识。而进入21世纪后，特别是随着整个国家海洋强国意识的提升和科技投入的加大，各领域涉海单位对海洋科技重视程度的普遍提高，大有"千军万马赴海洋"之势，国内外海洋科技领域的竞争异常激烈。对此，在不同历史阶段如何把握世界和国家海洋科技领域的发展态势，战略决策者的眼光和洞察力就显得尤为重要。

因此，除了我们在本书中专门论述的蒋新松、封锡盛等"技术线"水下机器人专家外，还有一些"行政线"上非水下机器人领域专家的高层决策者，他们对推动沈阳自动化所水下机器人学科的发展，在战略决策、发展规划和宏观协调等方面都做出了十分重要的贡献，这里扼要做些论述。

➤ 4.5.1 谈大龙

谈大龙，1940年出生，江苏省镇江人，早期从事飞行体光学系统研究，后转向机器人领域，研究员、博导。1963年毕业于清华大学，1966年"文化大革命"前中国科学院研究生毕业。他曾任国家"863计划"自动化领域智能机器人专家组组长，是我国机器人事业的开创者之一。早在1973年，他就随吴继显（曾任副所长）、蒋新松去北京相关部门调研人工智能和机器人的情况；1975年8—9月，他与尹长德赴罗马尼亚参加第三届国际控制论和系统论会议，了解了国外人工智能和机器人的发展情况①。

1981年11月，在沈阳召开的"海洋机器人研究课题评议会"上，他代表沈阳自动化所做我国第一台水下机器人"海人一号"的立项论证报告，又在此后的方案制定、组织协调及海洋试验等方面做了大量主持、组织工作，为发展水下机器人学科做出了开创性贡献。1986年5月，为推动水下机器人的研制，几个相关研究室进行了合并以便协调，成立了"机器智能与机器人技术研究部"，他是首任主任，这是水下机器人学科独立前所在的部门，为此后该学科的建制化打下了基础。20世纪90年代初，我国拟与俄罗斯合作开发6000米水下机器人，他是合作谈判组中方的主要成员之一，后来通过国家"863计划"专家组的努力，将其列入科技部计划。1987—1993年，他在担任"863计划"专家组组长期间，除组织我国机器人高技术发展战略的实施外，

---

① 谈大龙. 我的回忆: 砥砺奋进30年 // 中国科学院沈阳自动化研究所. 从三好街到南塔街——沈阳自动化研究所60周年纪念文集. 沈阳: 辽宁科学技术出版社，2018: 24-25.

还重点负责了包括1000米和6000米水下机器人等多种类型机器人的立项论证，后因罹患眼疾退出专家组。

他尽管后来因工作需要离开了水下机器人领域，但在该学科也曾培养过弟子。作为主要参加者曾获国家科技进步奖特等奖1项，作为主要负责人获中国科学院科技进步奖一等奖1项、二等奖3项。

➤ 4.5.2 王天然

王天然，1943年出生，黑龙江省海伦人，自动化控制与机器人技术专家，研究员、博导，中国工程院院士（2003年当选）。1967年毕业于哈尔滨工业大学，1970年进入沈阳自动化所。1985年任副所长，1994年任所长直到2003年，担任所领导前后长达18年。其间带领沈阳自动化所进入中国科学院知识创新工程首批试点单位，而这也恰恰是沈阳自动化所水下机器人学科初创探索和引进合作的关键时期。为推动机器人产业化，2000年创办沈阳新松机器人自动化股份有限公司并任董事长。

他参加了沈阳自动化所水下机器人技术发展前20年几乎全部的指挥和决策工作，而且一度主管科研业务，对推动水下机器人学科在沈阳自动化所的确立、重大项目的组织与实施，以及与用户部门的沟通和协调等方面都做出了重大贡献。在他担任所领导期间，沈阳自动化所相继开发和引进了"海人一号"、RECON-Ⅳ水下机器人、"金鱼"号、"海潜"号、"海蟹"号等多种类型的水下机器人，在石油钻井平台、海洋测量、水坝检查等现场获得实际应用。"探索者"号自治水下机器人、"CR-01""CR-02"自治水下机器人、"自走式海缆埋设机"、"无缆遥控潜器"等重大水下机器人工程项目在此期间也陆续开发完成。7000米载人潜水器获科技部重大专项支持。

卸任所长岗位后，他仍一如既往地为沈阳自动化所的长远发展殚精竭虑，他在专业领域具有重要学术影响力，连续三届当选全国人大代表以及长期担任辽宁省科协主席，对推动包括水下机器人学科在内的沈阳自动化所的整体发展，发挥了十分重要的作用，受到了广泛赞誉和好评。作为主持人或主要参加者曾获国家及省部级以上奖励10余项。

➤ 4.5.3 王越超

　　王越超，1960年6月出生，辽宁省丹东人，工学博士、研究员、博导。1982年，毕业于锦州工学院（今辽宁工业大学）自动控制系。1984年，考入沈阳自动化所师从蒋新松。1987年，获沈阳自动化所模式识别与智能控制专业硕士学位并留所工作，1999年，获哈尔滨工业大学机械电子工程博士学位。2002年，任沈阳自动化所副所长，2003年，接替王天然担任所长，直到2011年。2011年起，先后任中国科学院高技术研究与发展局（后改称重大科技任务局）副局长、局长，中国科学院深海科学与工程研究所筹建组组长。2017年10月起，任中国科学院理化技术研究所党委书记至退休。

　　主要从事机器人技术研究开发与应用，1994年连续四届担任"863计划"智能机器人主题专家组成员。在任"863计划"智能机器人主题工业机器人专题组组长期间，在制定以应用带动工业机器人目标产品开发和推进机器人示范应用发展规划和组织实施等方面做了大量工作。在担任所长期间，使1989年成立的中国科学院机器人学开放实验室于2007年成功进入国家重点实验室行列；推动沈阳新松机器人自动化股份有限公司于2009年在首批创业板成功上市，极大地提升了研究所的社会声誉并产生了可观的经济效益；作为行政线负责人领导组织水下机器人重大项目实施。这期间，沈阳自动化所水下机器人技术研发与应用开始进入自主创新阶段，水下机器人产品在国家重要领域成功列装，开辟了水下滑翔机新的研究方向并首创自主遥控水下机器人系统，"北极"自主遥控水下机器人先后两次参加我国北极科考，"探索"系列自主水下机器人相继开始研制或完成，"蛟龙"号7000米载人潜水器取得下潜5000米重大进展等。在他获得的十几项省部级以上奖励中，属于水下机器人领域的有"水下XX平台关键与集成技术研究"获国家科学技术进步奖二等奖（2008年）、"长航程自主水下机器人研究集体"获中国科学院杰出科技成就奖（2014年）等。

➤ 4.5.4　于海斌

　　于海斌，1964年10月出生，山东省威海人，工学博士、研究员、博导。1984年毕业于东北大学，1987年和1997年分别获东北大学工业自动化、控制理论与工程专业硕士和博士学位。1993年进入沈阳自动化所，2002年任副所长、2007年任党委书记、2011年接替王越超担任所长，2020年同时担任中国科学院沈阳分院党组书记。

　　长期从事工业通信与实时系统理论、分布控制系统技术、工业传感器网络与系统的研究与开发，主持并参加了多个国家级项目。进入21世纪，他与所领导班子一道带领研究所深入实施中国科学院"率先行动"计划，依托本所组建"中国科学院机器人与智能制造创新研究院"，先后争取到多个国家级平台，形成了"科学研究、工程应用、检测评估、标准制定"四位一体的发展态势，提出建设具有中国特色、国际知名的国立科研机构的奋斗目标。新园区建设极大地改善了发展空间和条件设施尤其是水下实验室建设，对推动包括水下机器人学科在内的研究所发展做出了重要贡献。在此期间，水下机器人学科取得了一系列重大创新成果，"海翼"系列滑翔机、"海星6000"、"海斗一号"等取得突破性进展，作为主要参研单位研制的"蛟龙"号载人潜水器研发与应用获国家科学技术进步奖一等奖（2017年），"蛟龙"号载人潜水器控制与声学系统研究集体、长航程自主水下机器人研究集体和"海翼"水下滑翔机研究集体分获中国科学院杰出科技成就奖。

　　作为"新一代潜航器"专项负责人牵头中国科学院战略性先导科技专项，以新组建的广东智能无人系统研究院为依托，开展面向深远海的大型智能无人海洋装备研究，为国家新一代海洋装备发展提供系统性技术支撑；此外，在参与"热带西太平洋海洋系统物质能量交换及其影响"战略性先导科技专项论证过程中，推动了水下机器人在海洋科学领域中的应用。在高水平国际国内期刊和知名国际会议上发表论文100余篇。获得国家科学技术进步奖等省部级以上奖励多项。

5

历史经验
与技术传承

经过40多年的发展，沈阳自动化所水下机器人团队——"海人"，形成了独具特色的创新文化和学术传统，积累了丰富的科学研究和现场实践经验，值得我们深入挖掘、整理、总结和传承。

5.1 技术思想和经验总结

在沈阳自动化所四代人坚持不懈的努力下，研究所水下机器人学科逐渐形成了一整套大型工程项目的组织方法、技术方法和管理方法，需要系统地进行归纳、提炼和升华。我们认为，主要有以下几个方面。

第一，集中统一的科研管理模式。就整个创新价值链来说，沈阳自动化所是一个以应用研究（包括应用基础研究）和工程技术开发为主要创新活动内容的国家研究机构，以满足国家重大技术需求和经济发展战略需求为己任。它既不同于一般意义上的以基础研究或公益类研究为主的研究所，也不同于以产业化、商品化为主要目标的企业性质的研发机构，其成果往往是为了体现国家的总体战略需要，非标类、单台套、首创性是其重要的目标任务。在项目实施过程中，跨研究室、跨研究所、跨行业的组织协调与合作，需要高度集中的统一管理和领导，要求具备"集中力量办大事"的科研组织管理模式。

以重大水下机器人项目设立工程项目总体组为例，这是开展大型工程技术开发行之有效的组织方法和管理方法。水下机器人是一门综合性的学科，是智能机器在海洋中的应用，是多学科、高技术的系统集成，知识和技术密集，涉及光、机、电、声学以及自动控制、计算机技术、材料、腐蚀、流体动力学、密封技术、数据和图像处理、水下作业技术等多种技术的综合运用，技术复杂，对可靠性要求高。集中统一的项目总体组建立后，"在'总体组'内技术融合与创新互补可形成正反馈，这样在研究开发过程中，可直接将别的行业（产业）技术和本行业的技术相结合，直接将上游技术和下游技术相结合，从而可以产生更多、更快、更好的创新"①，对组织和推动水下机器人工程项目的实施，起到了事半功倍的作用。自"海人一号"研制以来，沈阳自动化所每种重要型号的水下机器人的开发，几乎都是从设立和组建总体组开始的，这种集中统一的科研组织管理模式，是项目得以有效实施并最终完成的重要保障。

第二，自主创新与技术合作。"海人一号"和"探索者"号是沈阳自动化所自主创新的典范，而"RECON-Ⅳ""CR-01"则是引进、消化、吸收、再创新的成功范例和中外技术合作的结晶。在我们与国外技术水平差距较大时，引进、消化、吸收、再创新肯定是一条捷径，可以节省资金、提高效率、缩短开发时间。在特殊历史时期里所采取的"引进消化与自主开发并重"的方针无疑是正确的。

但随着我国水下机器人技术水平的提高，引进的道路会越走越窄，一是公开的技术可能已无须再引进，我们的技术水平已接近、达到甚至在某些方面已超过了国外的水平；二是最先进的水下机器人的技术和产品，人家是不会给我们的，正如2018年习近平总书记在两院院士大会上讲话中指出的，"实践反复告诉我们，关键核心技术是要不来、买不来、讨不来的"。②因此，我国水下机器人技术的未来发展，必须以自主创新为主、引进消化为辅。

第三，团队协作与拼搏奉献。此前，我们一再强调水下机器人事业是一个"集体"的事业，需要团队里每一个人、每一个专业领域、每一个单位以及前方与后方、水面与水下、软件与硬件等方方面面的协作与配合。在水下机器人的事业里，每一颗"螺丝钉"都是不可或缺的，只有每一个人都各司其职、各尽所能做好"自己"的事，才能够实现技术集成的"总体"效果和整体科研目标。

在早期"海人一号"大连海试过程中，从沈阳自动化所的车队司机到老科学家、从保卫科干部到工厂工人、从本单位的职工到协作单位的同人，在

---

① 徐凤安，谈大龙. 2003年前"水下机器人工程项目"发展的历程. 中国科学院沈阳自动化研究所50年纪念册（内部资料）. 2008：78.

② 习近平：在中国科学院第十九次院士大会、中国工程院第十四次院士大会上的讲话. http://www.ccps.gov.cn/xxsxk/zyls/201812/t20181216_125694_1.shtml [2021-12-28].

冬季大雪的海边码头，顶着刺骨严寒，采用人拉肩扛这种十分原始的办法，搭建帐篷、安装设备、调试仪表，每个现场试验人员都表现出了可歌可泣的拼搏奉献精神！①他们起早贪黑地工作，几乎没有休息日，有些同志甚至累倒、累病在试验现场。当时那种极为恶劣的现场试验保障条件，在今天是难以想象的。

这种拼搏精神又被新一代"海人"所再现。"蛟龙"号试航员刘开周在参加下潜试验任务时，直到3000米级海试结束后，才敢告知家人，毕竟每一次深潜都要冒着生命危险，巨大的海水压力的危险程度并不亚于航天。"奋斗者"号副总设计师赵洋在海上试验过程中，尽管遭遇过一次又一次的惊涛骇浪，但他还是与试验团队勇闯10 909米深处的马里亚纳海沟，在"每一个细节都关系到生死"的试验中，保证了控制系统及整个团队圆满完成任务，表现出新一代"海人"的家国情怀②。

第四，严格的质量保障体系。水下机器人技术的最终产出，应该是性能稳定、质量可靠、经济实用的高技术产品，"样机""样品"只是技术开发中的过渡环节，绝不是我们技术发展的最终目标。

早在1992年，沈阳自动化所就成立了质量保证办公室，较早开展了ISO9000质量体系的认证工作，正式通过中国新时代质量认证，全面建立和完善了ISO9000质量体系并严格按标准运作，实现了质量管理体系与国际接轨，有力地保证了技术创新成果的顺利转化，大大提高了高技术产品的质量。例如，1999年和2000年为用户研制生产的"YQ2""YQ2L"中型ROV，得到ISO9000质量体系认证后，在南海进行现场检测时，其故障率几乎为零，用户看到如今科研单位能提供如此高精尖全且运行稳定的世界一流产品时，给予了充分肯定和高度赞誉，这为水下机器人产品进一步开拓市场起到了积极的促进作用。

---

① 曹慧珍原作，梁波整理. "海洋机器人"海上初试日志. http://www.sia.cas.cn/cxwh/cxwk/202011/t20201103_5736300.html [2021-12-28].
② 喻思南. 勇闯深海10909米——"奋斗者"号副总设计师赵洋的海试故事. 人民日报海外版，2021-03-01（9）.

坚强有力的质量保障体系，是保证水下机器人学科长远发展的坚强柱石。严格的试验验证要从池试、湖试到海试，从浅海到深海，从短距离到长距离，从短时间到长时间，每一个环节都缺一不可，任何投机取巧都会遭到失败的惩罚。

第五，技术体系的迭代升级。技术发展没有止境，水下机器人技术也是如此。"海人"团队从不满足于已取得的成就，也从未躺在前人的功劳簿上沾沾自喜。面对国内外的激烈竞争，他们不断拓展新领域，提出新方法、新概念，敢于走前人没有走过的路，勇于"第一个吃螃蟹"，形成了集应用基础研究、技术开发、加工生产和示范应用于一体的完整创新链。在科学研究中，他们不断探索包括载体设计理论、自主控制理论、布放和自动回收方法、水下对接方法，以及新概念水下机器人、仿生水下机器人、特种水下机器人、多水下机器人系统的理论与方法。在技术开发上，他们面向海洋探测、资源开发、极地科考和水下安全等国家重大需求，研制具有特定使命的水下机器人系统。

如今，沈阳自动化所研制的机器人涵盖了世界上主要的水下机器人类型，面向海洋科学、海洋安全、海洋工程和深海资源等领域的重大需求，先后开发了遥控、自主、水面和混合四大类型和八大谱系的海洋机器人（图5-1），包括"潜龙""海翼""探索""海极/海斗""海星"等[①]。

技术的进步不是一蹴而就的，需要长期的经验积累和升级迭代，仅以自主水下机器人的发展演变为例。1990年，沈阳自动化所开始研制我国第一台1000米级的"探索者"号，1994年10月在南海试验成功，开创了我国自主水下机器人研究的先河，多项技术指标达到当时国际同类自主水下机器人的水平。在此基础上，1995年与俄罗斯合作，成功研制出我国第一台6000米级自治水下机器人（CR-01），紧接着实现了工程化（CR-02），使其性能进一步提高。进入21世纪，"海人"团队苦练内功、攻坚克难，突破减阻降耗、智能控制以及自主导航三大关键技术，又研制出了我国第一台长航程自主水下机器人。随着技术不断进步，沈阳自动化所自主水下机器人的发展进入快车道，逐步研制出具有自主知识产权的"潜龙"自主水下机器人的和"探索"

---

① 封锡盛，李一平."海人"团队文化的五项"基因".中国科学报，2018-12-17（5）.

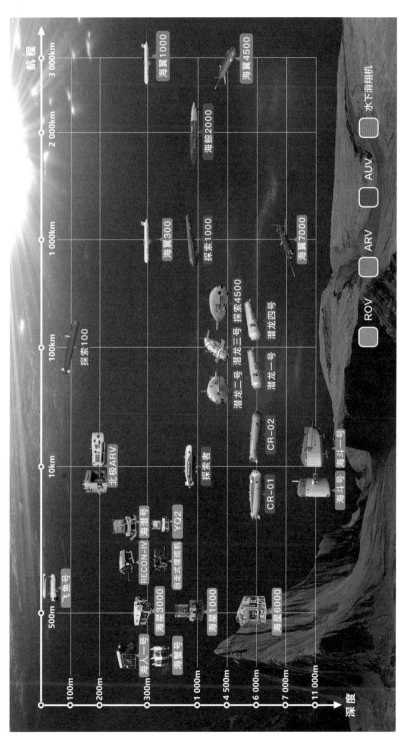

图 5-1 沈阳自动化所谱系化水下机器人

自主水下机器人的系列产品，其功能更趋实用化、多样化。

沈阳自动化所的水下机器人事业，就是通过技术体系的不断升级和迭代向前发展的，这也是中国水下机器人事业发展的一个缩影。

进入21世纪，沈阳自动化所的水下机器人事业在自由探索、合作共赢的基础上，已迈向自主创新的快车道，在国内逐步发展出一些独创性的技术，其中最具代表性的有水密连接器、水下滑翔机和自主遥控水下机器人等技术，经过几代人接续传承，日渐形成了自己的学科特色。下面，我们将详细论述这几种技术在沈阳自动化所的历史演变过程。

5.2　水密连接器技术传承

水密连接器，俗称水密接插件，是一种在水下环境中使用、担负电源及信号在水下接续与传输使命的连接器件，是在各种水下机器人及各类水下装备上应用最为广泛的关键基础部件之一。其主要功能与陆用电连接器基本相同，但却有自身鲜明的特点，主要体现在高密封性与高绝缘要求上，这些特殊要求导致其结构设计、构成材料、加工工艺及检测试验方法等各个方面都具有其特殊性。

20世纪80年代，我国水下机器人研究起步之时，国内尚未建立水下装备配套体系，水密连接器很大程度上依赖进口，不仅价格昂贵，而且在周期上也往往受制于人。在这种情况下，沈阳自动化所从20世纪80年代末开始自主研发水密连接器。

➤ 5.2.1　艰难起步

1986年9月，沈阳自动化所研制的"海人一号"水下机器人在南海海试成功，这是我国第一台有缆遥控水下机器人，为我国水下机器人事业的发展奠定了基础。在"海人一号"研制过程中，如何解决电源及信号的接续与传输问题，成为必须面对和解决的关键问题之一。因为当时国内还没有掌握电连接器技术，所以在"海人一号"各个部件的连接上，广泛使用了穿舱电缆的方式，即将电缆由一个舱体穿出，再穿入另外一个舱体，电缆与舱体之间通过挤压橡胶垫的方式进行密封。采用这种方法也可以将各部件连接在一起，起到传输动力和通信的作用，但在进行各组部件测试和故障排除时，往往需要将电缆连接断开，使各部件在不受干扰的前提下进行测试，在这种情况下要想拆电缆只能先开舱，这为测试、检修、维护造成了很多的困难。

1986年，沈阳自动化所与美国佩瑞公司技术合作引进RECON-Ⅳ遥控水下机器人时，科研人员进一步关注到那些"不起眼"的水密连接器起到了不可或缺的重要作用，它们由插座与插头组成，插头与插座可以很容易地插拔，以便两台由电缆连接在一起的部件分开，为检测和维修带来诸多便利。

1989年，RECON-Ⅳ遥控水下机器人开始在国内生产，当年水下机器人前辈们深知要自主发展我国水下机器人事业，单纯依靠国外进口水密连接器是不行的，必须把水密连接器的研发及生产掌握在自己手中。于是，时任海洋机器人工程开发公司经理的徐凤安，部署了关键部件的国产化工作（"七五"攻关），包括对三叶螺旋桨、五叶螺旋桨、水密连接器进行国产化攻关，正式开启了水密连接器的研制及其在水下机器人上应用的征程。

在没有现成技术资料可以研究学习，没有现成经验可以参考借鉴，没有专业技术人员，没有专用设备，甚至没有足够场地，以及水密连接器设计、加工工艺技术零基础的条件下，沈阳自动化所"海人"团队艰难地开启了水密连接器的研制工作。

最早专门从事水密连接器开发的是周宝德（1954—，图5-2），

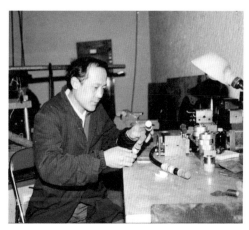

图5-2 周宝德在钻研水密电缆硫化工艺

他此前在沈阳自动化所房产科从事木匠工作，因其心灵手巧，被徐凤安调到水下机器人技术研究开发部工作，从此走上了水密连接器攻关之路。1992年，在研究所实验厂印制板车间做标牌面板设计的王镇，也加入了连接器试验生产中，而且他在之后组建的硫化间工作一直到2007年。起步阶段，主要是周宝德和王镇两位全职从事水密连接器的试制，在此期间，研究室的多位科研人员为水密连接器的设计、制造、测试等环节中的关键技术，出谋划策，贡献力量，其中主要有康守权、梁景鸿、燕奎臣、牛德林、张艾群等老一代水下机器人专家。

在20世纪90年代初的这一段时间里，通过采购及自制的方式，他们拥有了2寸小型炼胶机、手动硫化机及电动注塑机等最基本的生产设备，在沈阳自动化所南塔园区水下试验室最里面的一间小屋，组建起水下机器人研究与开发工程部最初的生产车间——硫化间。

最早开始研制并生产的是所谓的"老3芯"和"老4芯"水密连接器，其采用ABS塑料注塑和橡胶硫化工艺加工而成。当时专门从事水下机器人研究的科研人员本就不多，而具体从事水密连接器方面工作的人员更是屈指可数。在对从美国佩瑞公司引进的RECON-Ⅳ遥控水下机器人上使用的水密连接器进行解剖分析、深入研究及必要准备之后，周宝德便开始真刀真枪地行动起来。

橡胶硫化，对这些研制者来说还是件新鲜事儿，以前从未接触过，但他们并没有被困难吓倒。他们走出去向沈阳橡胶四厂的师傅们请教和学习；没有水密连接器硫化模具设计经验，他们就潜心钻研、手工绘图设计。刚开始试制加工的时候，问题一大堆：硫化压力无法控制、接触件不通，就连电缆与橡胶体都粘不到一起……但是他们没有气馁，边干边学，不畏艰难，依靠坚定的信念和坚忍不拔的精神，从一次次的失败中积累经验、逐步摸索。

1992年，硫化间接受了为援潜救生钟加工水密连接器的任务。他们加班加点，在短短一个月的时间里，就完成了连接器硫化模具的设计、试模、连接器加工及按时交付的全部工作，圆满完成了任务。时任所长蒋新松来到水下实验室，了解到任务进展及完成情况后，特别满意并给了高度赞扬。硫化间的研制者们也迎来了首次成功的喜悦。

至2000年初，在研究室领导的支持下，最初的硫化间由原水下实验室搬到了研究所条件处楼下的一间小屋，工作环境有所改善，这是硫化间的第一次搬迁。此时，硫化间能够生产的水密连接器的型号和规格有所扩展，研究室里的很多科研项目也都开始陆续用上了由硫化间加工的水密连接器。在此期间，硫化间还承揽了一些外单位委托加工的水密连接器任务，并为国内一些单位提供了水密连接器的产品支持。

由于硫化间的空间实在太狭小，人在里面转个身都受到限制，生产发展受到严重制约。于是，2006年硫化间迎来了第二次搬迁，从条件处楼下的小屋，搬到研究所大车间的一隅。由于空间增大，同时又增加了一些生产设备。这次搬迁，使水密连接器的生产条件和生产能力有了较大的改善和增强，同时在人员上也有了补充。

➤ 5.2.2 发展壮大

2003年，在沈阳自动化所自筹经费的支持下，水下机器人研究室完成了新一代金属壳体水密连接器研制课题。将通过该课题研制的水密连接器，与"海星"号自走式海缆埋设机所使用的美国SEACON55系列水密连接器比对后，共开发了7种不同芯数的金属壳体水密连接器。这些新型连接器，不仅丰富了沈阳自动化所水密连接器的产品系列及规格型号，也促进了水密连接器生产工艺的进一步成熟和稳定。同时，也使得沈阳自动化所生产的水密连接器，在工作水深、性能可靠性及质量稳定性等方面，都有了较大的提高，水密连接器的研发与生产，也由此上了一个台阶。

随着硫化间的由小变大，其产量也有了明显增长。这是成长的收获，也是多少"海人"的殷切期待！同时，专门从事水密连接器研发和制造工作的人员也在不断扩充。从2006年开始，一批年轻人也逐渐充实到水密连接器的研制和生产中，其中有孙明祺、邢家富、于龙、王野、马多娇、李丽、吴洪岩、蔡艳菊、郭峰等。

2000年以来，水下机器人研究室研制及生产的水密连接器（图5-3），

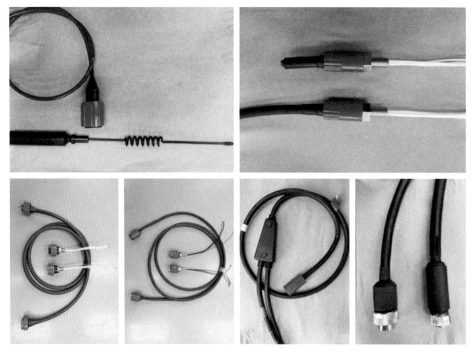

图 5-3　水密连接器产品

先后为研究所和所外众多科研项目提供了有力支撑，在满足科研工作需求的同时，也节省了可观的科研经费。其中，为沈阳自动化所自己的研究提供了支撑的就包括北极科考 ARV、YQ2H 型有缆遥控水下机器人、YQ2B 型有缆遥控水下机器人、YQ2A 型有缆遥控水下机器人、半潜型 BQ-01、综合型 ADUUV、AUV 水下拖体、UMV、水下滑翔机及 201 等许多项目。

　　201 项目的水密连接器，使用数量大，对水密连接器的性能及质量提出了更高、更严格的要求。这对新研制及投入生产不久的水密连接器提出了新的挑战。在项目定型前期，经历了大量、严格的型式检验及实际应用后，水密连接器的一些缺陷不断被暴露出来：接触件断路、接触件时通时断、绝缘下降、接触件焊点烧蚀等。这期间，有领导及项目组的焦急等待和期盼，也有连接器设计、生产及检测人员对缺陷原因的苦苦探究与归零检验。经过对缺陷原因深入细致地分析和潜心研究，无数次与配套厂技术人员沟通交流，以及工艺流程、工艺参数的调整与完善，上述缺陷，都得到圆满解决并编制了技术归零报告。失败是成功之母，这次连接器暴露出来的各种缺陷，实实在在地给水密连接器研制人员上了一课。也正是这一课，教会了水密连接器设计研发及工艺生产等各环节的科研人员太多的制胜法宝，使其积累了大量的宝贵经验，也积攒下了敢打硬仗、赢得胜利的雄厚资本。

2010年，随着产品最终定型，为项目研发和生产的全部水密连接器完成了定型并转入了批量生产阶段。通过项目的实施，水密连接器生产的工艺技术规程得到了进一步修正和完善。在总结归纳经验教训的基础上，形成了更加合理的水密连接器生产工艺流程及工艺技术文件。留下了各类工艺方案、操作指导书等指导水密连接器生产的技术文件50余份。水密连接器的一次交验合格率也稳步上升，从最初的50%，达到了近年来的100%。经过项目的洗礼，水密连接器的研发与生产再上一层楼。

➤ 5.2.3　持续创新

"宝剑锋从磨砺出，梅花香自苦寒来。"时间的轴线延伸到21世纪的又一个10年，这是沈阳自动化所水密连接器事业再攀高峰和喜迎收获的10年。

2011—2013年，水密连接器研发团队完成了"十二五"国家"863计划""深海水密电缆接插件工程化技术"项目。在项目执行过程中，研制开发了金属壳体和橡胶体2个系列共14种不同芯数的水密连接器，将水密连接器的工作水深提升到了7000米，又一次丰富了水密连接器的产品系列及型号。至此，沈阳自动化所的水密连接器实现了更新换代，以可靠性更高的金属壳体及橡胶体2个系列的水密连接器（对照美国SEACON及SUBCONN），逐步取代了先前以ABS注塑和橡胶硫化工艺生产的水密连接器。

2015年，完成4芯水下插拔电连接器（UWM4）的研制，解决了多项水下插拔连接器的关键技术问题，并完成了样件研制及初步性能检测试验。2016年，为中国电子科技集团公司第二十三研究所研制2/8芯及6/24芯分瓣式湿插拔水密连接器，并交付35套产品。2017—2019年，沈阳自动化所与企业达成并成功实施了"水密接插件组件技术转让"，转让金属壳体及橡胶体2个系列共14种水密连接器，首次实现了水密连接器的技术输出。2018年，水密连接器研发团队成功申请到"十三五"国家重点研发计划"全海深水密接插件产品化技术研究及示范应用"项目，研制出4种不同芯数橡胶体全海深水密连接器，同时使水密连接器的工作水深达到了11 000米，实现了全海深应用。2020年底，项目研制的8芯橡胶体全海深水密连接器搭载到"奋斗者"号全海深载人潜水器上，完成了马里亚纳海沟万米下潜搭载试验。

如今，伴随沈阳自动化所新园区的建设，水下机器人研究室水密连接器生产车间——硫化间迎来了第三次搬迁。硫化间一次次由小到大的变迁，见证着沈阳自动化所的发展壮大，更见证着水密连接器事业的技术进步。

目前，沈阳自动化所能够生产多个系列、多种规格的水密连接器达几十种，工作深度达到了11 000米，可以覆盖全海深。更可喜的是，在水密连接器技术领域，经过几代人、几十年的不懈努力和艰苦奋斗，沈阳自动化所已经具备了从理论到实践、从研发到生产、从检测到应用等全部能力，可以说今非昔比。由水密连接器研制团队编写的"十三五"国家重点出版物、国内首部水密连接器领域的学术著作——《水密连接器理论及应用》，也已于2020年出版发行。

回顾和总结水密连接器事业在沈阳自动化所的发展历程，那些为此奋斗拼搏的人们，总是让人默默想起和难以忘怀。面对水密连接器事业，面对伟大的时代，他们无怨无悔，奉献了自己的青春年华。虽然在整个"海人"群体中，他们为数寥寥、默默无闻，但他们同样也是"海人"精神的缔造者和传承人。

5.3 水下滑翔机技术传承

水下滑翔机是一种依靠自身浮力驱动的新型水下移动观测平台，具有低噪声、低能耗、投放回收方便、制造成本和作业费用低、作业周期长、作业范围广等特点。其主要功能包括海洋环境参数测量（根据测量需求可搭载各种海洋参数测量传感器）、自主滑翔运动控制、测量路径规划、测量数据存储与远距离传输等。水下滑翔机的应用，可有效提高海洋环境的空间和时间的观测密度，将显著提升海洋立体观测能力，实现海洋信息智能感知，推动海洋环境观测从预先观测向实时观测、从定点或走航断面观测向区域立体观测方向发展，对未来海洋环境信息保障能力产生颠覆性影响。2003年，美国提出将当时刚刚兴起的水下滑翔机纳入美国国家海洋观测计划中（如OOI、IOOS等），推进水下滑翔机在各类海洋观测计划中的应用。

水下滑翔机从原理概念的提出到实用装备研制成功，在国际上历经了40年的时间，但从提出应用构想到实用装备研制成功，只用了10年的时间。1960年，美国科学家贡沃（C. A. Gongwer）首次提出利用浮力和重力作为水下机器人推动力的设想，这是水下滑翔机最核心的驱动模式的创新。1974年，科学家塞雷格（A. Seireg）和他的合作者巴兹（A. Baz）首次提出水下滑翔机概念，并开展了优化设计与控制方面的研究。1989年，海洋学家施拖梅尔（H. Stommel）首次提出利用水下滑翔机进行海洋观测的工作模式构想，为水下滑翔机快速发展奠定了基础。1991年，美国海军研究办公室（ONR）同时支持3家研究机构开展水下滑翔机的研制。经过10年的技术攻关和应用探索，到2001年，美国研制出了Slocum、Seaglider和Spray三型水下滑翔机装备，标志着水下滑翔机技术已基本成熟，并逐步进入技术升级与推广应用阶段。

2003年，中国水下滑翔机研究开始起步。由从公开文献了解基本概念和国际上的最新研究进展，到我国自主研制出具备海上观测应用能力的实用水下滑翔机，用了10年左右的时间，研制出了"海翼"和"海燕"两型水下滑翔机装备。我国水下滑翔机发展历程可以分为三个阶段，即概念摸索与原理验证、技术跟踪与样机研制、应用探索与技术创新。

概念摸索与原理验证阶段为2003—2005年。水下滑翔机是一种深海高技术装备，因而欧美国家对我国实施禁运和封锁。2003年上半年，尚在攻读博士学位的俞建成，在与导师张艾群研究员交流中了解到水下滑翔机的有关信息。出于对新技术的兴趣，俞建成调研了水下滑翔机在国内外发展的现状，了解到国内还没有开展相关研究工作。之后，作为研究生创新科研活动，俞建成组织所在研究室研究生通过有限的公开文献，学习理解水下滑翔机的基本概念和运动原理，并开始原理样机设计准备工作。

2004年，作为项目负责人，俞建成获沈阳自动化所蒋新松创新基金"水下滑翔机器人研究"项目资助，支持经费12万元。其研究目标是：对水下滑翔机器驱动及运动机理进行深入研究，为研制提供必要的理论依据和方法指导，开发一套水下滑翔机器人实验样机。

2005年10月，水下滑翔机器人实验样机研制成功，并在沈阳棋盘山水库完成湖上试验，完成了实验样机的滑翔运动原理验证和滑翔运动速度测试。

技术跟踪与样机研制阶段为2006—2014年。2006—2014年，水下滑翔机获得国家"863计划"、国家自然科学基金、中国科学院国防科技创新基金、国家重点实验室等多个项目支持，进行了系统探索、研究与样机研制。

"十一五"和"十二五"国家"863计划"项目对标国际1000米级水下滑翔机先进水平，支持研发具有自主知识产权的国产1000米级水下滑翔机。"十一五"国家"863计划"项目"水下滑翔测量系统"的研究目标是：解决水下滑翔测量系统相关技术难点，开发出具有自主知识产权，适合于大范围、长时间海洋环境监测的低功耗水下滑翔测量系统样机。

水下滑翔测量系统样机的主要技术指标包括：重量小于100千克，最大工作深度不小于1200米，最大航行速度不小于1节，航行范围不小于500千米。"十二五"国家"863计划"项目"电能深海滑翔机工程化技术研究"的目标是：开展电能深海滑翔机工程化技术研究，优化滑翔机总体技术，提高系统的综合性能、可靠性和稳定性，解决远程监控技术、海上应用技术及数据处理等问题，研制出具有实用化水平的电能深海滑翔机工程样机。电能深海滑翔机工程样机的主要技术指标包括：重量小于70千克，最大工作深度不小于1000米，最大航行速度不小于1节，航行范围不小于1000千米。在连续两期国家"863计划"的支持下，我国1000米级水下滑翔机达到了实用化水平。

国家自然科学基金、中国科学院科技创新基金、国家重点实验室等支持项目，主要跟踪国际水下滑翔机技术的最新动向，分别开展了对混合驱动水下滑翔机、浅海水下滑翔机、翼型水下滑翔机等新型水下滑翔机技术的探索和研究。

应用探索与技术创新阶段为2015年至今。经过十余年的持续研究，到2015年我国已经掌握了水下滑翔机的核心关键技术，具备了自主研发1000米级水下滑翔机的能力。

为保持在水下滑翔机方向上的技术先进性，"十三五"国家重点研发计划"可组网模块化长航程水下滑翔机研制"项目进一步支持了1000米级水下滑翔机的研制，其目标是：突破长航程水下滑翔机总体技术、轻质耐压结构、低功耗控制、高效浮力调节等核心关键技术，开展长航程水下滑翔机系统设计与集成，实现核心部件国产化，研制出具有自主知识产权的长航程水下滑翔机样机。其主要技术指标包括：重量小于100千克，最大工作深度不小于1000米，最大航行速度不小于1节，航行范围不小于3000千米。

在掌握了水下滑翔机核心技术的基础上，结合我国海洋科学研究、海洋调查与海洋安全保障的需求，自主开展技术创新研究，研制出多种型号对应不同应用需求的水下滑翔机装备，实现了从技术跟踪到技术创新的跨越。面向深渊水体垂直剖面连续观测的需求，在中国科学院战略性先导科技专项的支持下，成功研制出国际上连续工作深度最深的7000米级水下滑翔机，并完成在马里亚纳海沟持续近1个月的试验性观测应用。面向我国大洋矿区环境实际观测需求，成功研制出工作深度为4500米级具有实用化水平的大洋矿区环境与热液异常普查水下滑翔机，以及工作深度为1000米级的大洋环境与生物调查水下滑翔机，完成了大洋矿区观测示范性应用。面向海洋安全保障快速部署应用的需求，成功研制出国际首型10千克级水下滑翔机，并成功完成海上试验，最大下潜深度超过1000米。

水下滑翔机自主研发历程是我国海洋技术自主创新的成功案例。在国外技术封锁下，沈阳自动化所经过十几年的努力，突破了总体优化、高效小型内置驱动、轻质耐压结构、自适应浮力补偿、精确航行控制等关键核心技术，实现了水下滑翔机大深度、长航程、小型化等总体技术目标。发展形成了"海翼1000""海翼4500""海翼7000"等不同工作深度的"海翼"系列水下滑翔机,打破了国际技术封锁,使我国水下滑翔机技术跻身于国际先进水平。2020年,研制出了国际首型10千克级水下滑翔机并完成海上试验,实现从技术跟踪到技术创新的重大转变。

"海翼"水下滑翔机是我国水下滑翔机技术发展历程中的一个缩影,先后创造了下潜最深、航程最远、工作时间最长等多项国内、国际新纪录。2017年,"海翼7000"水下滑翔机(图5-4)下潜深度达到6329米,刷新了此前由美国保持的水下滑翔机最大下潜深度世界纪录。2018年,两台"海翼7000"成功完成马里亚纳海沟区域覆盖观测应用,成为目前国际上唯一具备7000米深、连续观测作业能力的水下滑翔机。2019年,实施了52台"海翼"集群的南海北部组网协同观测应用,达到国际最大规模。2021年,"海翼1000"海上连续工作超过300天,创造了我国水下滑翔机连续工作时间最长、航行距离最远、观测剖面最大的新纪录,使我国成为继美国之后第二个具有年际自主移动海洋观测能力的国家。

图5-4 "海翼7000"水下滑翔机

"海翼"水下滑翔机先后参加了10余次国家海洋科考航次,累计完成海上观测8000多天、航程18万多千米,获得剖面数据6万多条,应用海域遍布东海、南海、太平洋、印度洋和白令海等，为我国开展中尺度动态海洋过程研究、海洋环境实况保障与精细化海洋环境预报，提供了核心数据支撑。

5.4 自主遥控水下机器人技术传承

早在20世纪，人们就预言21世纪将是海洋的世纪。面向海洋科学和工程领域的需求，水下机器人及其技术得到迅速发展，并在多个应用领域获得推广，水下机器人面临着一个前所未有的发展机遇期；然而随着海洋活动的不断扩展，业界对水下机器人的普适性需求和指标能力要求也在不断提升，一些特殊的应用场景和使命任务，对传统的水下机器人也提出了新的挑战。

对此，作为海洋探测与作业的先进技术代表和高技术支撑平台，沈阳自动化所对水下机器人的研究也迎来了全新的发展机遇和挑战，是面向国内，坚持原有方向，从而巩固在传统水下机器人领域的国家队地位，还是放眼国际，开拓新方向，开创引领新概念水下机器人的新局面？沈阳自动化所水下机器人研究部门做出了具有重大而深远影响的战略决策：在巩固提升对传统水下机器人研究能力的同时，开拓新概念水下机器人新方向，其中之一就是自主遥控水下机器人。

➤ 5.4.1 理论验证

新方向和新事物的诞生，并不是一蹴而就的，往往需要深厚的技术积淀，当然还有决策者的创新魄力和前瞻布局。步入2000年，时任水下机器人研究室主任的张艾群研究员，凭借其在水下机器人领域的学术敏感和对发展趋势的精准判断，前瞻性地提出自主、遥控混合型新概念水下机器人的理念，并命名为自主遥控水下机器人，即ARV。随着科研人员对ARV的特点、功能和定位的不断研讨和深入剖析，ARV理念逐渐丰富成形，作为一种面向极端 /

复杂海洋环境或特殊使命任务、集AUV和ROV的部分功能和技术特点于一体的混合型新概念水下机器人——ARV正式登上水下机器人历史的舞台，ARV的名字，在人们的一片啧啧称奇中被逐渐叫响。2002年，ARV作为一种混合型新概念水下机器人，同AUV和ROV等传统水下机器人并列，成为沈阳自动所水下机器人系列的一个重要分支。

理念的成形和概念的明确，在形式上赋予了ARV一个崭新的定位，但真正要在竞争激烈的水下机器人领域谋得一席之地，又谈何容易，尤其是一个新的概念和一种尚未证明过自己的新平台！在室主任张艾群研究员的布局、规划和指导下，从事水下机器人前沿技术探索和基础理论研究的专门科研团队，紧锣密鼓地开展了ARV前沿理论研究和技术探索攻关。

作为一种面向极端海洋环境和特殊使命任务的定制化平台，ARV的形体设计兼顾了水动力学和静力学的综合考虑。于是，科研团队解放思想，从使命任务的量化处理到数字化的模型分析，初步形成了一套适于ARV总体设计的理论方法，以指导ARV的总体设计。这种理论方法，无不凝聚着ARV科研人员的创新思维、研究热情和理想抱负，后续也被证明是实用和有效的。

在技术层面，光纤作为ARV的大动脉，对于水下机器人而言是一种全新的探索和尝试。对光纤通信及其在水下的应用与管理的研究，是一个从零到一的探索和突破的过程。在第一型ARV面世之前，大部分的研究和技术攻关均是围绕光纤展开的，包括光纤密封、光纤通信、光纤受力、光纤管理等。无数个日日夜夜，经过科研人员在实验室里的反复测试，终于实现了ARV理念的初衷，水下光纤技术应用的攻克，使得攻关团队依稀看到了ARV的曙光。

在ARV创业之初从零到一的难忘阶段，科研前辈经过不懈努力，奠定了我国ARV研究的理论基础与技术储备，ARV理念所映射出的技术优势日趋显现，一种崭新的水下机器人即将呼之欲出。

ARV作为新型水下机器人，其最初样机平台的身上流露着传统水下机器人的身影，在外观上体现着继承。2005年，在沈阳自动化所创新基金的支持下，我国第一台ARV样机诞生了，命名为SARV-A（图5-5）。其主要目的是将前期理论研究和技术攻关的成果，利用水下机器人平台的形式体现出来，来验证当初的设想。正如它的名字，该型水下机器人的形体设计和功能，多体现为AUV的特点，因此SARV-A的外表给人的印象就是一个小型的AUV平台。

通过仔细观察，发现SARV-A与AUV最大的不同之处是背部引出的那条细长光纤。正是通过这根光纤，实现了光纤通信在水下

图 5-5　SARV-A自主遥控水下机器人样机

机器人上的首次应用，也验证了通过光纤实现水下自主遥控的多操控模式。水池试验成功验证了设想的ARV的功能，当其自主航行可以通过光纤通信链路实时回传并显示在电脑端时，科研人员的欢呼声响彻整个幽暗的试验室水池。在沈阳棋盘山水库野外试验中，SARV-A拖着长长的光纤在水中畅游，时而自主航行，时而远程遥控，时而在静谧的湖水中潜浮，时而在平静的湖面上游弋，自主+遥控的操控方式，让科研团队对ARV的期望变成了现实。初尝ARV的胜利果实，即使仅仅是一款功能样机，但也预示着一种新型水下机器人的问世，更为研发团队继续沿着这个方向，寻找新的应用目标树立了信心，在"海人"团队每个年轻人的心中，点燃了希望的火种。

ARV定位于面向极端海洋环境或特殊使命任务。因此，有着广阔的应用空间，只是在人们认识并接受它之前，需要证明自身。2006年，尽管专家们还怀着将信将疑的态度，但也将其作为面向水下搜索的中国科学院创新项目的前沿探索项目立项。该项目的应用场景和意义十分重大，承载着为2008年北京奥运会水上项目提供水下安全保障的使命。

作为项目的重要组成部分，ARV平台肩负着搜索和识别水下目标物的职责和任务。基于项目的应用目标，研究团队提出了若干利用ARV功能实现该使命任务的优势，并得到专家的一致认可。于是，在2007年，名为SARV-R的小型观测性ARV平台诞生，它拥有强有力的艉部双推进器，可以在水中自由巡航，通过艏部上一对明亮的照明灯和摄像机，可以巡航搜寻

水中的物体，并通过光纤实时传输清晰的画面至监控平台，在操控者的协助下判断目标物的类型。同年，SARV-R在青岛奥帆基地开展了演示验证和试验性应用，取得了很好的应用效果。这是第一款具有明确应用的ARV平台，其应用效果被中央电视台《新闻联播》报道后，广为人知，更多的业内专家将疑惑的眼神变成了肯定的目光。ARV的技术优势获得了同行们的认可。

➤ 5.4.2　北极应用

ARV科研团队的研究目标，不仅仅是得到权威人士的认可，还有着强烈的为国效力的远大志向，其前进的脚步一刻也没有停歇。2008年，面向北极科考应用任务的ARV技术方案得到专家们的一致赞同，从而第一次在国家层面上获得了ARV的立项资助。ARV研制团队深知这是机遇，但同时又是挑战。一是在时间方面，从立项到北极科考航次，留给ARV研制和测试的周期仅有七八个月，要与时间赛跑；二是在技术层面，北极的极端环境对设备的各个环节均提出了不同寻常的要求，小到舱体内的电子器件，大到搭载在设备上的传感器单元，能否经得住北极极端天气和海冰的考验，仍是一个问号。难以忘记，那短暂而又漫长的半年是如何度过的，灯火通明处，几个"海人"汉子在俯身雕磨；通宵达旦时，团队无不感叹时间走得太快。在白加黑、五加二的忙碌中，"北极ARV"终于问世。怎能忘记，当ARV最终如期搭上"雪龙"号科考船奔赴北极时，送行的项目组成员无不潸然泪下！

"北极ARV"是在国家"863计划"海洋技术领域的支持下，由沈阳自动化所等多家科研机构共同研制开发，针对北极冰下海洋环境检测的新概念水下机器人。2008年7月7日至9月25日，ARV真正意义上的远航拉开了序幕。沈阳自动化所年轻的科研人员李硕、崔胜国携带"北极ARV"，踏上了面向极端海洋环境——北极的试验与应用之旅。"北极ARV"作为中国第三次北极科学考察的一名特殊队员，在北纬84.6°成功开展了冰下调查，这个纬度不仅是生命的禁区，更是科学探测仪器的"禁区"。在整个试验过程中，"北极ARV"实现了冰下水平剖面的自动位置控制和近距离观察和测量；实现了垂直剖面的升沉运动控制和北极冰下海冰物理特征和水文、光学特性的协同观测。在"雪龙"号船上召开的"北极 ARV"北极试验应用验收会上，与会专家对"北极 ARV"在现场的试验应用给予了充分的肯定，同时希望课题组以北极冰下的科学目标作为技术发展的动力，不断完善和提升相关技术，争取在今后的北极科考中发挥更大的作用。

"北极 ARV"从北极回来了，带回了胜利的消息，也带回了两年后的目标和期望。2010 年，经过对"北极 ARV"一系列的适应性改造，李硕和曾俊宝再次搭乘"雪龙"号极地科考船启程，参加我国第四次北极科考。当"北极 ARV"再次出现在北极的冰天雪地之上时，不仅能加速跑，还能在加速中玩出花式动作，即沿着科学家画出的轨迹路线潜行出没。当初的设计理念，再次得到成功验证。"北极 ARV"实现了我国首次在北纬 86°以上开展冰下调查工作，实现了高纬度冰下自主导航和自治航行，刷新了我国水下机器人在高纬度的作业纪录，标志着"北极 ARV"已开始进入实际应用阶段。此次"北极 ARV"再次参加北极科考，为我国对海洋资源的开发利用和推动海洋高技术装备发展发挥了重要作用。

2014 年，基于此前的成功应用，ARV 第三次与北极联系在一起。面对全新的任务和全新的要求，ARV 研制团队的成员也在更新，但 ARV 的技术一直在探索中前进。当对技术进行大刀阔斧地升级后，一套全新的"北极 ARV"呈现在人们面前，也呈现在北极那片熟悉的冰天雪地面前。

在北纬 81°建立的长期冰站上，"北极 ARV"在有效的 5 天作业时间里，先后三次自主完成了长期冰站指定海冰区（100 米 × 100 米）的冰下光透射辐照度、海冰厚度、冰底形态、海洋环境等参数测量工作。在冰下光透射辐照度和海冰厚度观测作业中，"北极 ARV"从开凿的冰洞上入水，采用自主观测模式，对多融池海冰区域进行了精细水平观测作业，在选取的几个位置点上做了垂向运动，大幅度提高了冰下观测的精度与自动化程度。利用基于精确位置信息的科学数据，科学家可对北极夏季太阳短波辐射能在北极冰洋系统中的分配规律进行深入分析研究。此外，经过坐标变换，"北极 ARV"采用自主作业模式找到已布放的冰浮标，并采用遥控模式对冰浮标底部形态进行观测，为冰浮标今后的布置提供科学依据。

通过此次试验性应用，进一步验证了"北极ARV"的现场作业、运动特性、自主遥控混合控制和高纬度下的导航精度等多种能力。此次北极现场试验应用表明，"北极ARV"已成为北极科考中一种有效、连续、自主、实时的观测设备，可实现对冰下海冰物理特征、水文和光学特性等的同步精确观测，有望在今后的北极科考中发挥更大的作用。

➤ 5.4.3　万米突破

ARV及其技术在国家层面的崭露头角，为其进一步发展带来了机遇。面向极端海洋环境，ARV挑战并成功地实现了北极应用。对ARV明确的使命定位，注定其必将面临万米深渊这一典型极端海洋环境的挑战。2014年，ARV被赋予了新的时代使命：挑战万米。

当中国开始着力开展万米级全海深水下机器人研究和攻关的时候，正值国际上全海深水下机器人经历最黑暗的时刻，可覆盖全球所有海洋深度的水下机器人装备处于空白期。截至2014年，国际上抵达过全球最深处马里亚纳海沟挑战者深渊海底的两型水下机器人装备先后丢失，万米级水下机器人的研发及其深渊科考难度可见一斑。

在这一国际难题愈发突出的时刻，中国科学院战略性先导科技专项立项并启动全海深水下机器人关键技术研究课题，年轻的ARV"海人"团队临危受命，知难而上，毅然挑起了这项公认的具有国际挑战性任务的重担。万事开头难，面对该国际性难题，诸多的质疑扑面而来，对于没有任何借鉴，一切从零开始的攻关团队，唯有不忘初心，坚定信念，披荆斩棘，逐梦前行。

2014年4月，中国科学院"海斗深渊前沿科技问题研究与攻关"战略性先导科技专项，正式委以沈阳自动化所承担"全海深无人潜水器关键技术研究与总体设计"，即"海斗"号研制工作正式启动。2015年7月1日，"海斗"号完成实验室的总装联调，首次下水测试；同年9月，完成大连獐子岛海域的浅海测试；12月，完成南海3000米级海试工作。2016年，"海斗"号经历了多项关键技术攻关和多重严格的压力模拟测试，在由唐元贵、王健、陆洋、刘鑫宇4人组成的技术团队的保驾护航下，于6月22日搭乘"探索一号"船TS01航次开展我国首次万米深渊科考工作。"探索一号"船最终携"海斗"号挺立在马里亚纳海沟挑战者深渊的万米之上，成功实现了中国水下机器人万米深潜的梦想，在国际万米深潜的纪录上谱写了属于中国的新深度。

2016年7月1日，"海斗"号在其诞生后的一周年，正式接受来自万米海区的挑战。面对当时技术条件光纤模式下的下潜深度限制，"海斗"号技术团队大胆尝试，勇于创新，依托"海斗"号的ARV灵活性和普适性的技术优势，提出以不带光纤的模式，开展"海斗"号的深渊深潜试验。在连续的十几天内，"海斗"号以自主模式向深渊发起挑战，并成功实现其首个深渊科考应用的任务目标，下潜深度先后突破8000米和9000米，不断创造刷新我国潜水器最大下潜深度纪录，并获取我国首批深渊垂直剖面的温盐数据，为深渊科考提供了第一手的宝贵数据。7月27日，在母船返航进入倒计时的紧急时刻，面对触手可及的万米深渊，"海斗"号技术团队经综合风险分析和评估，在得到沈阳自动化所领导的肯定和支持后，开展了"海斗"号万米深渊深潜的试验，向着潜深大于万米的探测应用目标挺进，最大下潜深度达10 310米，成功突破万米深潜和应用目标，成为我国首台叩开万米深渊大门的水下机器人，从此也翻开了我国利用水下机器人技术向万米以下深渊进军的历史。虽然突破万米，但仍未到底，此次之行，"海斗"号团队不想留下任何遗憾。于是在7月28日凌晨，"海斗"号和团队没有停歇，一鼓作气，在进行必需的能源补给、技术升级确认和综合模拟测试后，冒着应急安全保障措施无冗余、现场因改变补偿系统而改变其技术状态、团队22小时连续无间断疲劳作业等一系列非常规方式所带来的风险，向着万米深渊坐底式探测应用目标发起冲击，最终成功实现万米深渊坐底式探测近1小时，最大下潜深度达10 767米，在国内首次获取了全海深海底及全海深剖面的温盐数据，并对该指定点位的深渊深度信息进行了坐底式测量和校验。最终按照预定时间浮出海面，顺利安全回收，以优异的表现为其在我国首次万米级深渊科考航次中的成功应用完美收官。

此外，"海斗"号成功获得了2条9000米级（9827米和9740米）和2条万米级（10 310米和10 767米）深渊水柱的温盐深数据。这是我国获得的第一批万米温盐深剖面数据，为研究海斗深渊水团特性的空间变化规律和深渊底层洋流结构，以及万米无人/载人潜水器的设计提供了宝贵的基础资料。

"海斗"号在我国首次万米深渊科考中的成功应用，表明我国已经开启了利用国产深海高技术手段和装备开展万米深渊科考的新纪元，万米深海已不再是我国海洋科技界的禁区。"海斗"号下潜深度两次突破万米并为我国首次成功获取超过万米的全海深原位温盐数据，填补了我国长期以来无法获得超大深度特别是万米海底数据的空白，将极大地促进我国深海深渊技术装备和科学研究的发展，并有效推动我国海斗深渊装备研制体系和科学研究体系的建立。

"海斗"号水下机器人实现万米深潜，获评2016年中国十大科技进展，震惊了国际，更加坚定了国内海洋科技工作者的万米信心，但这万米背后的艰辛和付出，只有"海斗"号ARV攻关团队深深懂得。在陆地上，试验室中攻关团队深入研讨，时常是肚子的"咕咕"抗议声提示他们又错过了饭点；针对万米的技术验证和反复测试，他们往往是一忙就到了深夜，不禁在疲惫中感叹时间过得太快；更加揪心的是阶段性攻关结果出来的那一刻，团队经受着大喜大悲的跌宕起伏；功夫不负有心人，他们内心无法掩盖的喜悦和难以抑制的狂欢，预示着陆地上的初步成功；他们那语无伦次的过往回味和大言不惭的未来畅想，像极了喝醉耍酒疯，更像是痴迷于万米深渊未知梦境的痴人呓语。在海上，是另一番景象。面对波涛汹涌的大海和万米深渊，他们严谨冷静，因为成败就在对细节把握的一瞬间，团队中每个人的心情都无法平静，他们眼睛需要闪光，头颅必须高昂，现场的问题和下一次的期待，容不得有丝毫喘息；首个万米深潜，第一个"吃螃蟹"，这已经脱离了技术本身。时至今日，团队仍相信，是他们在海试现场3天2夜持续奋战和连续36小时不眨眼的意志毅力和必胜的信念，感动了这片神秘而高傲的万米深渊，才成全了"海斗"号实现中国首次万米深潜的梦想。这一幕幕感人事迹，是沈阳自动化所"海人"精神的具体体现。

2017年，唐元贵、王健和刘鑫宇三人携"海斗"号再赴深渊。此次重返马里亚纳海沟挑战者深渊，主要是开展深渊科考应用和光纤遥控模式下的大深度海试两项任务。此航次中，"海斗"号5次下潜深度超过10 800米，其中以自主模式4次潜入万米深渊，最大下潜深度达10 888米，创造了我国水下机器人最大下潜及作业深度的新纪录，并拍摄到海底视频，成功完成航次深渊探测的科考任务。以光纤遥控模式下潜2次，最大下潜深度达10 886米，实现了利用超长距离微细光纤遥控水下机器人完成万米深渊海底遥控巡航，坐底航行并实时传输万米深渊海底视频影像时间达4小时9分钟，突破了大深度、长距离微细光纤的综合管理和视频传输等核心技术，充分验证了"海斗"号在光纤遥控模式下可实现水下机器人下潜万米深渊并进行远程、长时间和大范围遥控巡航等关键技术，为我国"十三五"国家重点研发计划全海深无人潜水器ARV的研制工作，提供了强有力的技术支撑和积累了丰富的深渊科考经验。此外，"海斗"号在我国首次实现了利用光纤传输技术将万米深渊海底的视频实时传输到水面，填补了我国万米海底实时传输视频数据的空白。"海斗"号在此次深渊科考中的成功海试及应用，表明我国已经具备利用自主研发的深海高技术装备开展综合性万米深渊科考的能力，为最终全面实现我国万米深潜使命奠定了坚实的技术基础。

2018年，唐元贵、王健、李吉旭和陈聪4人团队，携"海斗"号继续征战在国际深渊技术的前沿（图5-6），"海斗"号也继续着在马里亚纳海沟挑战者深渊的万米科考应用。此次深渊科考，主要开展技术能力海试验证和深渊科考应用两项任务。在此航次中，4名试验队员顶住压力，克服了多项现场技术难题，开展了长时间、大强度、连续集中的作业

图5-6 "海斗"号自主遥控水下机器人及参加海试人员

任务，实现了7次下潜，其中全海深下潜4次，获取了完整的全海深温盐深数据，深渊海底累计工作时长5小时47分钟。"海斗"号传输的高清视频连续、流畅，定高定向航行稳定，大深度、长距离微细光纤的管理系统工作正常，控制、推进、能源和应急系统运行平稳，验证了运动平台的技术能力和多项全海深无人潜水器关键技术，均具备了全海深深渊海底机动观测的能力，为后续全海深潜水器的研制提供了技术支撑；在科学应用方面，"海斗"号开展了基于多传感器信息融合的近海底高精度深度测量，通过实时遥控和在线规划，实现对马里亚纳海沟挑战者深渊局部区域地形与深度的精确测量；"海斗"号实现了国内首次全海深高清视频直播，开展了深渊海底环境与生物的高清视频实时观测，为进一步认识海沟底部地形及地质环境特点、生物运动习性等提供了高清视频影像资料。

截至2019年，"海斗"号累计实现11次万米下潜和科考应用，创造了我国潜水器最大下潜深度纪录，标志着我国无人潜水器进入了一个崭新的万米科考时代，在我国深渊科学研究和技术装备发展领域发挥了不可替代的作用。

➤ 5.4.4　使命担当

科技的进步，永无止境。"海斗"号的成功，还只是抛砖引玉，新的挑战和任务接踵而至。2016年，"十三五"国家重点研发计划"深海关键技术与装备"专项启动，沈阳自动化所牵头承担了"全海深自主遥控潜水器（ARV）研制与海试"项目，ARV"海人"团队深知此次任务挑战和使命是前所未有的，这意味着将投身于一场没有硝烟的战役，责任和意义重大。从260千克的"海斗"号到2600千克的"海斗一号"，不仅仅是装备尺度和体积的增加、功能和性能的提升。这是历史赋予的科研使命，是严峻的考验，难度系数远不止是重量所体现出来的量级。用不到4年的时间研制一款具有完全自主知识产权和自主遥控功能的探测作业一体化的水下机器人装备，并在深度可达11 000米的全球最深处实现精准海底探测和科考作业应用，谈何容易！

"海斗一号"的研制过程，就是ARV"海人"团队绞尽脑汁、不分昼夜、精雕细琢的攻关过程，没有任何的参考或成功案例可资借鉴，每一项关键技术均是其团队从无到有的逐项攻关。极限的挑战，意味着非比寻常的付出，记不清有多少个深夜，他们为验证某一项技术忙至天明，在办公室的角落趴一会儿后又立刻投入新一天的征程中。凭借项目组一以贯之的锐意进取、敢于担当的忘我的工作作风和顽强拼搏、永不服输的意志，"海斗一号"项目的各个节点均按计划逐一落实，打破了重大项目难以保障进度的惯例，取得了一个又一个令人叹服的阶段性成果。

2019年5月，唐元贵带领团队在千岛湖组织实施了"海斗一号"的湖试工作。历时约1个月，全面验证了系统的功能和性能，为后续海试工作奠定了坚实的技术基础。湖试期间，技术难度大和系统复杂度高的"海斗一号"问题不断暴露，面对困难，ARV"海人"团队毫不退缩，秉烛奋战，通宵达旦，多次以坚强的意志和毅力，战胜困难，连夜处理暴露出的问题，确保湖试工作按期执行。湖水中畅游的"海斗一号"，是对他们的艰辛和汗水最好的回报和最大的安慰。8月，为期1个月的深海试验接踵而至。繁重、充实、充满风险和未知的海上试验对每位参试人员来说，无论是身体还是心理都是一个巨大的挑战。老队员凭借多年的海上试验经验，多角度、多途径地为大多数第一次参加海上试验的人员鼓舞士气、排解压力，克服各种困难，用辛勤的汗水和集体的智慧，确保了"海斗一号"深海试验顺利完成。返航时的横卧酣睡，是对参航的每位"海人"连续奋战的最好补给。

2020年初，新冠肺炎疫情蔓延，但按照计划和承诺，"海斗一号"研制的目标没有改变、任务没有压缩，试验团队克服心理和身体等多种困难，在严格遵守防疫要求的前提下，率先复工，组织实施万米海试备航。4月初，万米海试在全球新冠肺炎疫情防控的严峻形势下拉开序幕，面对疫情风险和万米挑战，唐元贵带领项目组毅然决然地组织实施马里亚纳海沟万米海试与应用航次（图5-7），未知和风险考验着团队的毅力、信心和决心。他们用扎实的专业技术能力和坚强的意志品质，解决了海试现场遇到的多个难题；在恶劣天气和连续疲劳作业面前，他们承受着巨大的压力，勇于担当，冲锋在前，用实际行动践行着"海人"的逐梦诺言。5月9日，在海况超过四级的情况

图 5-7 "海斗一号"自主遥控水下机器人

下"海斗一号"迎来了万米深渊"首秀"，在深度为 10 884 米的海底软着陆，完成了高清视频探测深渊海底及底栖生物，实现了机械手触发采集万米海底水样、机械手抓取沉积物取样器进行海底取样等全部作业，后遥控抛载上浮，安全回收。5月的海况，注定了不会尽如人意，但他们连续向万米冲击的决心和信心没有退缩。在接下来的时间里，"海斗一号"连续实现了4次万米深潜，并在深度为 10 907 米的近海底海区开展了1小时的近底航行，完成1条基于测深侧扫声学探测的L形测线；切换至遥控坐底后，机械手开展触发采水、布放标志物、沉积物取样以及高清视频拍摄等全部操作，在完成规划的全部探测与作业内容后，"海斗一号"宣告近乎完美地实现了此次万米之旅，标志着此次全部科考应用任务圆满完成。

面向国际深渊科技前沿，围绕国家海洋强国战略重大需求，"海斗一号"突破全海深无人潜水器的关键核心技术，形成了具有中国特色的万米装备自主研发能力；成为我国首台作业型全海深无人潜水器，并胜利完成万米海试与试验性应用，创造了我国无人潜水器最大下潜及作业深度纪录，取得了"十三五"首个万米重大装备研制、试验和应用的创新性突破；获取了我国首批全海深重要数据和样品，在国际上首次利用全海深电动机械手完成了万米深渊海底样品抓取、沉积物取样、标志物布放和水样采集；构建形成了"十三五"第一支成功挺进深渊的专业化万米技术攻关与海试应用团队；实现了我国"十三五"首台全海深重大装备的万米海试和试验性应用，填补了我国万米作业型潜水器的空白，技术水平达到国内领先、国际先进，引领并推动我国深渊技术与装备发展；标志着我国无人潜水器跨入了可覆盖全海深探测与作业的新时代。

➤ 5.4.5 永续传承

面向极端海洋环境，ARV将在更广阔的领域和重大场景中发挥作用。在极限挑战和深入攻关中，ARV"海人"团队对海洋、对大自然了解得更多，发现的问题也更为复杂，这让他们懂得了对神秘大海的敬畏；同时也在不断提醒自己，海洋探索没有止境，科技创新没有边界，要在发现和解决问题中不断提升ARV的能力，提升团队的职业素养和专业技能。

现如今ARV体现了一种国家实力，"海斗"号和"海斗一号"万米深潜实现了我国几代海洋人的万米梦想。当"海斗"号实时传回万米海底视频影像资料和"海斗一号"在万米深渊海底辗转腾挪、灵巧作业的时刻，喜极而泣、激动万分的又何止是研制团队，国内海洋圈也为之欢欣鼓舞，国际海洋界在惊讶之余也投来尊敬的目光。然而，经历过大风大浪的ARV"海人"团队，在经历了万米的数次考验后，对未来的攻关方向也有着更加清醒的判断。这支国内为数不多的具有万米水下机器人现场操控和成功经验的团队，随着对万米深潜认知的不断深入，也深感任务的艰巨和使命的光荣。

从2002年到2021年，从SARV-A到"海斗"号、再到"海斗一号"，历史记录着每一个ARV及其研制者的成长历程和辉煌瞬间。从水面畅游到水下50米潜浮，再到今天海洋最深处的万米深潜，ARV的身影在海洋的每个角落里时隐时现。

ARV走过的20年，既是几代人共同努力的结果，更是老一代"海人"前辈学术理念和精神传承的结果，凝聚着几代"海人"的心血和汗水，寄托着无数人的期许和祈盼，是一代代"海人"薪火相传、遨游海洋的力量的体现，"求真务实、甘于奉献、凝心聚力、敢为人先"，是全体"海人"在创新道路上永远前行的精神圭臬。

6

弘扬"海人"
精神

6.1 "海人"精神的内涵

在40余年的发展中，沈阳自动化所水下机器人研究群体逐步形成了独具特色的行为准则和价值理念，富有鲜明的精神内涵和文化传统。1988年，以原"海人一号"研制团队为基础，沈阳自动化所成立了首个独立的海洋机器人建制化研究单元——海洋机器人研究部，从此，这个群体有了一个共同的称谓：海人。现如今，这支队伍从近海到远洋、从海面到深渊，其足迹踏进了太平洋、印度洋和北冰洋。其不同时期的代表人物曾对"海人"团队文化的五种"基因"做过初步总结，他们认为，沈阳自动化所水下机器人群体所体现的"海人"精神包括[1]：①依靠团队集体力量从事大型工程科学研究；②勇于探索不断开拓的创新精神；③虚心学习的态度；④"五湖四海"大协作；⑤优良作风代代传。

多年来，以蒋新松、封锡盛等科学家为代表的沈阳自动化所水下机器人研究群体，贤人领衔、英才汇聚、上下同心、新老协力；一代代"海人"，崇尚集体、赤心报国、团结协作、薪火相传，形成了独具特色的"海人"精神文化。"海人"团队已经成为沈阳自动化所发展中的一面旗帜，曾获得"中共中国科学院先进基层党组织"（2011年、2020年）、中共辽宁省委"创先争优先进基层党组织"（2012年）、全国五一劳动奖章、全国先进基层党组织（2021年）等诸多荣誉称号。通过对沈阳自动化所水下机器人团队精神的梳理和归纳，我们认为，"海人"精神主要包括以下几个方面。

➤ 6.1.1 求真务实

首先，最初选择水下机器人方向作为沈阳自动化所乃至中国机器人研究

---

[1] 封锡盛，李一平. "海人"团队文化的五项"基因". 中国科学报，2018-12-17（5）.

的突破口，充分体现了这种求真务实的科学精神。1979年8月，以蒋新松为组长的中国科学院人工智能与机器人考察组（成员还有刘海波、张玉良、陈效肯）赴日本考察。彼时日本机器人刚刚从低潮中开始复苏，考察组回国后"讨论集中在研制人所不及的环境中应用的机器人，也许容易得到社会的支持，属于这种情况的在当时有两类：一类是核辐射下应用的机器人，另一大类就是海洋机器人"①。考察组最终形成共识："我国需要研究机器人，在我国当时劳动力丰富的情况下，搞特种机器人容易得到用户和领导支持，特种机器人的应用将是我国机器人研发的突破口。"②

其次，"拿来主义""借船出海"也体现了求真务实的精神。毋庸讳言，在20世纪七八十年代，我国的科学技术水平与西方发达国家还存在很大差距，因此改革开放后学习和引进西方发达国家和苏联的先进技术，不失为一种现实的选择。"依靠自主创新是我所水下机器人研究工作的根基，在此基础上充分利用国际合作条件对我们工作中的不足进行补充或改进，是我所研究水平得到快速提升的重要因素，也是我所水下机器人事业发展中的一条经验。"③沈阳自动化所在20世纪80年代中期与美国合作引进RICON-Ⅳ、90年代初与俄罗斯合作研制6000米自主水下机器人以及与意大利合作研制海缆埋设机，这三次重大国际合作都是博采众长、虚心学习、受益匪浅的成功范例。通过国际合作，沈阳自动化所不仅在技术上有所提高，也开拓了理念和文化上的视野。

最后，沈阳自动化所在引进技术时并没有停留在对国外技术的简单复制上，以RICON-Ⅳ的引进为例，针对一些国内市场不能提供的和对今后发展有价值的零部件进行国产化，充分利用国内自身已有条件进行二次开发，如研制新型航向显示器、字符叠加器、二线深度计、水下灯和云台、水密连接

---

① 蒋新松. 关于"海人一号"研制过程的总结. 中国科学院沈阳自动化研究所综合档案室. 1987-08-12：1-2.

② 刘海波. 二十世纪七十年代的学科发展及历史意义. 中国科学院沈阳自动化研究所50周年纪念册（内部资料）. 2008：102.

③ 封锡盛. 回顾过去成绩斐然 展望未来任重道远. 中国科学院沈阳自动化研究所50年纪念册（内部资料）. 2008：71.

器、浮力珠和浮力块、摄像机、成像声呐、水下机械手和工具包等一大批零部件，将其从原来的观察型提升到作业型水下机器人，既满足了国内的现实需求，又符合具体的国情。

这些都体现了沈阳自动化所"海人"求真务实的精神。

➢ 6.1.2 甘于奉献

水下机器人学科发展是集体的事业，也是一项艰辛的事业。个人总是会被集体所"掩盖"，分系统经常被总体所"淹没"，荣誉也常常被"型号项目"所"隐藏"。一个重大项目的最终完成，往往需要8到10年的时间，作为一个"海人"，一辈子可能也就做几个有影响的项目。经年累月的现场试验，舍小家顾大家，是水下机器人研制者的常态，没有点儿"精神"，就吃不了"水下这碗饭"。湖上、海上试验，常常需要几个月甚至半年以上的时间，风吹日晒、晕船失眠、寝食难安，南极北极的高寒、太平洋大西洋上的恶劣海况，造就了"海人"不屈不挠、勇于奉献的坚毅性格。以1995年8月"CR-01"太平洋试验为例，沈阳自动化所水下机器人群体"克服了太平洋上工作的各种意想不到的困难，顶酷暑（身上的皮脱了一层又一层，汗水流了一身又一身），抗晕船（每天浪涌均在5米以上），抗大洋综合征（吃饭没味，睡不好，心发慌），甚至不惜自己的生命，战胜道道艰难风险，在恶劣的海况下圆满且出色完成任务"[1]，受到时任国家科学技术委员会常务副主任朱丽兰的高度评价。

据徐凤安和谈大龙先生回忆，仅在1988—2003年无缆水下机器人系列产品开发期间，沈阳自动化所"海人"群体在节假日几乎不休息，平均加班达到1500人次/年[2]。所长蒋新松在总结"海人一号"研制经验时归纳的第

---

① 徐凤安，谈大龙. 2003年前"水下机器人工程项目"发展的历程. 中国科学院沈阳自动化研究所50年纪念册（内部资料）. 2008：78.

② 徐凤安，谈大龙. 2003年前"水下机器人工程项目"发展的历程. 中国科学院沈阳自动化研究所50年纪念册（内部资料）. 2008：78.

一条就是："培养了一支不为名、不为利，具有献身、创业精神的专业队伍。"他自己就是践行这种无私奉献精神的代表，生前常讲"活着干，死了算"。他甚至把自己的生命都献给了祖国的科学事业，这种无私奉献的精神永远值得我们继承和发扬。

➢ 6.1.3　凝心聚力

凝心聚力是"海人"精神的核心，"凝心"是"海人"团队心往一处想、劲往一处使之心，"聚力"就是汇聚外部各方力量的社会主义大协作。与传统自然科学领域强调个人思想上的独创性相比，我们在前文反复强调对发展水下机器人事业来说，各专业领域、不同单位、部门密切合作的重要性。水下机器人学科是大型、复杂、多种技术的集成体，学科面很宽，需要不同学科的人团结协作，单打独斗是很难干成水下机器人这个大事业的。蒋新松所长曾形象地将沈阳自动化所与其他研究单位进行比较时说："一对一单打对方能赢，二对二双打可能平手，三对三我方胜算的几率大。靠着这种精神，'海人'团队在并非优势的领域连创佳绩，走在国内同行的前列。"[①] 在机构、人员越来越分化，不同行业、不同地域都争相竞逐水下机器人的今天，万众一心、团结协作显得尤为重要，这个传统决不能丢掉。

"海人一号"的研发，仅沈阳自动化所先后就有上百人投身于此；"探索者"号的研制，集中了国内7家单位、所内外超过50名科研人员参与其中；国内近20个单位参加了RICON-IV的国产化工作；等等。因此，"长期以来我们一直实行'五湖四海'大协作的方针，很多项目都有七八个单位乃至二三十个单位合作。我们把水下机器人当作是共同发展、共同受益的平台，中国科学院声学研究所研制的多普勒计程仪、侧扫声呐、成像声呐、浅地层剖面仪等多种达到国际先进水平的声呐，就是依托于一代又一代的水下机器人的进展而发展起来的，水下机器人是这些声呐原理验证、技术试验、评价

---

① 封锡盛，李一平."海人"团队文化的五项"基因".中国科学报，2018-12-17（5）.

和产生改进依据的平台……合作、共赢是水下机器人研发中的靓丽风景，是特色，也是我们能不断为我国水下机器人事业进步做出贡献的重要因素"[1]。这种凝心聚力的精神和海纳百川的胸怀，既促进了水下机器人学科自身的发展，也推动了相关学科的进步。

➢ 6.1.4 敢为人先

一方面表现在超前的前瞻思维——敢想。20世纪80年代，中国改革开放的历史洪流推动着中国各项事业的发展，科学技术仅次于经济建设被摆到了非常突出的位置，而机器人技术更是首当其冲。在机器人领域，又将发展"水下机器人"放在了"最高"优先级，"七十年代末期，蒋新松同志又大胆地提出开展水下机器人研究，在当时这是很多人想都不敢想的事情，一个从来没有下过海的旱鸭子要搞水下机器人，这太让人难以想象了，因而遭到了一些人的怀疑和责难"[2]，而且"在水下机器人研发战略方面，我所始终坚持把握水下机器人高端技术和核心技术，集中力量研发总体集成技术、先进结构技术和核心控制技术等"[3]，这不能不体现出以蒋新松先生为代表的第一代中国水下机器人先行者们高瞻远瞩的战略眼光和超前意识，值得年轻一代继承和大力弘扬。

另一方面表现在敢于做前人没有做过的事——敢干。国家向海洋进军的战略需要水下机器人，可燃冰的开采需要海底采矿装备，海洋生物、海洋生态环境研究需要水下仪器设备，等等。水下机器人技术正在越来越宽广的领域获得应用，这就需要水下机器人科研工作者不断开拓进取，为各项事业的发展提供基本的水下载体。当年在完成RICON-Ⅳ的引进后，沈阳自动化所

① 封锡盛. 回顾过去成绩斐然 展望未来任重道远. 中国科学院沈阳自动化研究所50年纪念册（内部资料）. 2008：72.
② 谈大龙. 勇于创新、锲而不舍——沈阳自动化所乘风前行的不竭动力. 中国科学院沈阳自动化研究所50年纪念册（内部资料）. 2008：74.
③ 封锡盛. 回顾过去成绩斐然 展望未来任重道远. 中国科学院沈阳自动化研究所50年纪念册（内部资料）. 2008：72.

就向中国科学院申请了"八五"重大项目"大马力、强作业水下机器人"，但并未获得支持，无果而终。此后不久，蒋新松率团访问俄罗斯科学院远东分院海洋技术问题研究所，"以常人少有的决心与胆魄'先斩后奏'，双方签订了合作开发6000米（水下机器人）的协议。回国后，蒋所长游说各方，争取资金，组织队伍，确定方案，于1995年9月在夏威夷以东海域成功进行了深海试验"①。类似的例子不胜枚举。

沈阳自动化所开展的研究课题绝大多数在国内具有开拓性，如遥控水下机器人、自主水下机器人、轻型水下机器人、海底行走机器人、长航程水下机器人、6000米水下机器人、万米水下机器人等，均属国内第一。谈大龙先生在回忆中曾指出，"多年来，沈阳自动化所的一批批年轻人在缺少权威和'菩萨'的情况下，发扬敢想敢干、不断追求的创新精神，敢于在高手如林的竞争中从无到有，从小到大，发展和壮大自己。在认准了方向之后，不管遇到什么样的困难，无论是技术的或是非技术的，他们都有一颗强烈的事业心驱使着自己锲而不舍，不达目的决不罢休……这种精神就是沈阳自动化所的传家宝"②。这就是沈阳自动化所"海人"敢为人先的真实写照！

综上所述，我们将这种"海人"精神概括和凝练为：求真务实、甘于奉献、凝心聚力、敢为人先。"海人"精神的实质和内涵是爱祖国、爱科学、爱大海，"爱祖国"是"海人"精神之根，"爱科学"是"海人"精神之茎，"爱大海"是"海人"精神之叶，而"海人"——沈阳自动化所水下机器人研究群体，就是这棵"海人"精神之树结出的累累硕果！

在未来的日子里，沈阳自动化所水下机器人研究群体，就是要继续秉承和发扬这种"海人"精神，为水下机器人学科的发展添砖加瓦、增光添彩！

---

① 纪慎之. 回顾与思考我所崛起时期的治所理念与实践. 中国科学院沈阳自动化研究所50年纪念册（内部资料）. 2008：85.
② 谈大龙. 勇于创新、锲而不舍——沈阳自动化所乘风前行的不竭动力. 中国科学院沈阳自动化研究所50年纪念册（内部资料）. 2008：75.

6.2 战略科学家蒋新松的精神与品格 ①

　　虽然蒋新松（1931—1997）院士已去世多年，但他的名字和业绩还时常被人们提起。我们回忆往事、缅怀和纪念他，不仅因为他是著名的自动控制、人工智能、机器人学专家和杰出的科技管理者，以及他为此所做出的不可磨灭的贡献，更因为他在将毕生精力奉献给祖国和科学事业中所体现出来的崇高理想、坚定信念、无私奉献的精神，勤奋学习与严谨治学的态度，光明磊落与勇于担当的品格！这些，一直在影响和激励着一代又一代的科技工作者。

　　我与蒋新松在沈阳自动化所一起工作近30年，更有幸在他的直接领导下与他共事6年。对我个人来说，那真是一段童话般的时光。在生活与工作中，不需察言观色、曲意逢迎、弄虚作假；鲜有人情世故、装模作样、你来我往。我与大多数同事一样，在蒋新松的领导与感召下，说真话、干实事，与研究所同呼吸、共命运，虽然辛苦忙碌，但在实现一个个目标中，时常感到快乐和幸福！

　　1997年3月30日，蒋新松先生因积劳成疾而猝然离世，我怀着极其悲痛的心情，不加任何雕琢地完成了《蒋新松院士生平简介》，以此作为悼念其活动的基本素材，这是我为他做的第一件"私事"。2008年，在沈阳自动化所建所50周年时我写了《蒋新松所长的治所理念与实践》，以表达对他的深切缅怀之情。之后，我一直试图将他一生的科研与管理实践、发展理念和工作方法，以及综合素养、精神品格做一个系统的研究、归纳和总结，以便继承发扬、传承后学。

　　为此，我重新学习了1998年3月中共中央组织部、中共中央宣传部、中

---

① 该部分原题为《学习蒋新松：科技工作者的素养和品格》，已收入《从三好街到南塔街——沈阳自动化研究所60周年纪念文集》（辽宁科学技术出版社，2018年），收入本书时有改动，为叙述和行文方便，仍采用第一人称。原作者纪慎之（1943—），1970年1月至2003年8月在沈阳自动化所工作至退休，研究员。曾任科技处处长、质量条件处处长、所长助理等职。

共国家科委党组、中共中国科学院党组、中共中国工程院党组联合发布的
《关于号召全国科技工作者向蒋新松同志学习的决定》;一遍又一遍回忆我所
了解的蒋新松的点点滴滴,包括他对我的批评、教海、信赖与影响;反复研
读他的论著、文章;回顾在他领导下研究所的发展历程以及国家"863计划"
自动化领域的战略决策和重要事件;翻阅了有关他的报道、回忆和传记;向
与他共事过的老同志了解情况;等等。

到真正动起笔来,则深感笔力不逮,但又时常感到学习与宣传一个真实
的蒋新松,探寻他灵魂深处蕴含的"新松"精神,应该是我的一种责任与义
务。值此《水下机器人专家学术谱系——"海人"精神的成长历程》一书编
撰之际,字斟句酌、聊以成章,以表达对蒋新松先生的敬重之意和感念之情,
期冀对广大科技工作者有所启迪和帮助,也对弘扬"海人"科学家精神尽绵
薄之力。

蒋新松作为战略科学家,其贡献不仅仅局限于水下机器人领域,所以本
节叙述也不拘泥于此,希望能够全景式地展现一位杰出科学家的奋斗精神和
优秀品格。

➤ 6.2.1 成就和贡献

蒋新松在他66年的生命里,无论是身处逆境还是面对机遇,无论是作为
一线科研人员还是作为科研管理者或战略制定者,他都秉持着对祖国和科学
无比挚爱的深厚情感,矢志不移、呕心沥血、顽强拼搏,为国家的科技发展
做出了永载史册的贡献,其最具代表性和展现综合能力素质的工作包括鞍钢
1200可逆冷轧机项目、工业(工厂)自动化、工业机器人产业化、大中型企
业的技术升级与改造、水下机器人以及沈阳自动化所的改革与发展等多个方
面,这里仅以他在水下机器人领域的主要工作为例。

蒋新松是中国人工智能和机器人技术研究最早的倡导者之一。1980年就
任所长后,他更是潜心探索、苦苦寻求一条中国机器人的发展之路。他带领
同事在国内外进行了深入而广泛的调研、考察,根据当时的基础条件、国家

相关领域的需求，决心以水下机器人为突破口。

20世纪80年代初，以沈阳自动化所为总体单位、蒋新松为项目负责人，联合国内相关高校和科研院所，开展并完成了中国第一台潜深200米有缆遥控水下机

图 6-1 蒋新松在水下机器人"海人一号"鉴定会上作报告

器人"海人一号"的研究、设计与试验（图6-1）。这是我国机器人技术发展史上的一个重要里程碑。1985年，为了尽快形成真正实用的产品，满足用户需求，在自主研发的基础上，他决定引进美国有缆中型观察用水下机器人的生产技术，经消化、吸收、创新、提高，仅用一年时间，就研制成功了国产化的具有水下作业功能的有缆遥控中型水下机器人RECON-Ⅳ-SIA。这是改革开放之后我国在自主研究的基础上引进国外先进技术，进行消化、吸收、创新的经典案例。1990年，在他的规划指导下，以封锡盛为项目负责人完成了潜深1000米的无缆自治水下机器人"探索者"号的研制。通过上述水下机器人的研究、试制和试验，蒋新松探索和掌握了一系列涉及水下机器人结构、流体、水声、动力、光学、自动控制、导航、传感器等相关理论和技术，并在全国范围内培养了一支水下机器人专业化队伍。

1991年10月，为加速实现潜深6000米的目标，蒋新松敏锐地抓住苏联解体的时机，以常人少有的决心与胆识，在资金没有落实之前，向国家科学技术委员会立下军令状，与俄罗斯科学院远东分院海洋技术问题研究所合作开发"CR-01"自治水下机器人。中国仅用3年时间、不到2000万元人民币，就完成了国外用10年、3000万美元、堪与卫星相比的深海机器人的研制！它们与沈阳自动化所自主研发的"海潜"号、"金鱼"号、YQ2型遥控水下机器人等，已实际应用于水下沉船观测、水库拦污栅检查、海上航行保护、海

上石油作业平台建设、水下地形地貌观测、海底资源丰度调查等领域，产生了重大经济、社会效益和国际影响，也为进一步自主发展各类新型水下机器人奠定了坚实的基础。

进入21世纪，我国水下机器人技术不断发展，"蛟龙"号载人潜水器成功下潜7000米，其总设计师徐芑南先生就是蒋新松当年亲自选定的6000米水下机器人的总设计师；"海斗"号已潜深10 000米，研究者当中的骨干就是蒋新松先生当年的学生；"奋斗者"号载人深潜已达10 909米，其中的骨干已是蒋新松先生当年学生的学生。"海人"精神在沈阳自动化所代代传承、生生不息！

为保证所研发的工程、系统或产品能够真正用于实际，蒋新松在沈阳自动化所大力倡导企业文化，成立了市场部和质量办，还制定了与之相适应的评价、奖惩等激励机制。同时，他还下大气力提高和改善职工的工作环境和生活条件，经常以压力感、危机感、责任感和研究所的价值观激励科研人员，因此形成了一支被称为"敢死队"的科研骨干队伍。在他的带领和感召下，在短短十几年将当时默默无闻、基础薄弱、水平一般、经济拮据的沈阳自动化所，变成了一个在国内外有一定影响、在国家建设中能持续发挥作用、在领域内能代表国家水平的高技术研究所。其中他的作用和贡献包括以下几点。

（1）创造性地提出并确立了机器人、工业自动化、光电信息技术等主要学科方向，并取得了一系列重要成果。

（2）倡导并身体力行"献身、求实、协作、创新"的研究所精神，不断提升研究所的社会价值和经济实力。

（3）他本人勤奋好学、敢于担当、积极进取、以身作则、严于律己的榜样作用，影响、带动和培育了一支技术、思想、作风过硬的科研队伍。

那么，蒋新松为什么会在20年里取得如此大的成就，做出如此大的贡献呢？概括地说：一是基于他的知识和素养；二是他的精神和品格；三是他的理想和信仰。如果说知识和素养是成功的基本元素，精神和品格是成功的双翼，而理想和信仰则是成功的原动力。如此，才会有甘于奉献、不懈追求的精神，才会有矢志不渝、顽强拼搏的决心，才会有勤奋坚韧、攻坚克难的意志，才会有洁身自好、以身作则的品质。

➢ 6.2.2　知识和素养

无论是在学生时代还是在40余年的工作实践中，无论是搞科研还是当所长、首席科学家，蒋新松总是孜孜不倦地学习各种新知识。他对科技实践与管理的高深见解、精彩表述以及成功实践，往往只体现在他生命中的几个瞬间和片段，而学习和思考则占去了他绝大部分的时间和精力，这是他生活和生命的常态。他深知，作为一个搞工程技术的学科带头人，不仅要根据国家需要知道做什么（know what），还要知道如何做（know how）以及知道为什么做（know why）。这不仅需要扎实的专业知识，也需要渊博的社会、管理知识。获取知识没有捷径可走，只有活到老、学到老，抓紧每一分钟，痛苦并快乐地学习！

蒋新松认为，知识应该是知识分子最基本的看家本领。我曾与他探讨过智商与情商的问题。他说，系统论中的熵，我稍微懂一点，智商、情商的定义我说不清，但如果把情商说成是会拉关系、会走后门，八面玲珑，我则是反对甚至讨厌的，我始终认为，一个人要能做成点儿事情，知识是最基本的。他推崇培根的"知识就是力量"这句话，但这不仅指理论知识，也包括应用知识。他不止一次地对我说，作为科技处长，要不断学习、跟踪、更新自动化方面的知识，否则不可能真正做好科研管理；而如果你是一线科研人员，我则会要求你在实践中学习、创造、丰富自动化知识，这是科研人员应有的本分和责任。

他不仅自己如饥似渴地学习，也非常敬重那些有真才实学的人。和沈阳自动化所合作过的一位上海交通大学教授精通英文，他平时最大的乐趣是发现一个自己不认识的英文单词，蒋新松对他十分钦佩。一直致力于情报研究的沈阳自动化所情报室主任刘海波研究员不止一次说过，蒋新松最重视科技情报和信息。每当制定规划和战略决策时，他不仅自己收集和查询相关的文献资料，也一定会找刘海波查询、提供国内外有关科技发展前沿及动态的研究报告。

20世纪90年代在考虑安排6000米水下机器人项目的研究人员时,蒋新松不局限于本单位和中国科学院内,而是请来了有扎实的理论基础和丰富的船舶研制经验的徐芑南研究员(现在是中国工程院院士)做项目总师。在科研实践中,蒋新松表现出了极强的发现问题和解决问题的能力。在20世纪70年代的鞍钢项目中,对他在确定系统问题、制订方案、设计线路、设备调试、现场试验直至工作总结等各项工作中所起到的骨干作用和动手能力,与他共事的几位同志印象都十分深刻。当所长后,他到项目组了解工作进展,用万用表测量几个点即可确定系统中的问题,花上一段时间提出一个方案或画出一个线路图就可以有效地解决这些问题。他当首席科学家后,则更展现了他创新进取、组织管理和统帅全局的卓越本领。

蒋新松认为,能力只有在实践中才可以养成和提高。相对于知识,他在评价与用人时更注重能力。任职期间,沈阳自动化所技术职称晋升的标准主要是看完成的项目水平及其所起的作用,论文与外文只作参考。有时,有人对那些确有水平和一定能力,一而再、再而三没能晋升的人表示了惋惜和同情,但他很坚持自己的意见,甚至决绝。他说,我所是搞技术的,技术主要是用的,坐而论道,毫无价值。

在日常工作和生活中,对很多事情蒋新松都自己动手、亲力亲为。在国外考察、谈判时,他尽量用英文直接交流,不用翻译;亲自写考察报告;每年一度的所长年终总结报告,除了引用办公室提供的基本数据,其他都是按自己的思路娓娓道来;他是沈阳自动化所最早能使用计算机进行文字处理的人之一,他不耻下问,也不管时间场合,随时当面请教别人;他的大部分论文和报告,都是自己撰写、录入、修改并最后完成的。

或许谁也想不到,这样一个大名鼎鼎的科学家,缝衣做饭也是高手,即便成名之后他也常常亲自下厨,做几手好菜,犒劳辛苦持家的夫人,偶尔还会亲手给夫人做件合体的衣服!

在不断探索和实践中,蒋新松总结并形成了一套既符合事物自身规律,又可以有效解决相关问题的理念和方法。理念和方法就是把握事物的客观规律和外部条件，即审时度势中的"时"与"势"。

关于科学与技术，蒋新松说，科学的主要目的是发现，技术的主要目的是发明与创造。技术研究一定要结合实际，它的最终目的在于应用，其主要标志是能够提供有使用价值的产品。技术研究的途径往往是先解决know how，然后才是know why。这种理念在确定沈阳自动化所发展目标、实施路径和评价体系上起了主导作用。

关于战略问题，蒋新松说，战略就是选择和实施。制定战略时，根据需要和条件，在多种可能中进行比较、审时度势、确定目标，规划与实施并重。他主持的科技发展规划或计划均得以实现，而不像有的规划不合时宜、缺乏操作性，最后成了空中楼阁，或画饼充饥，或半途而废。

关于战术问题，蒋新松主张干中学、用中学。他推崇"大胆假设，小心求证"。沈阳自动化所的老同事都说，老蒋胆儿大。他对外语还一知半解的时候，就敢直接与老外对话，到后来竟可对答如流；在对问题还没完全清楚的情况下，他就搭起线路做试验，最后都弄得一清二楚。他认为，有些事情要事先都想清楚是不可能的，必须"摸着石头过河"，在探索中不断解决，这就是他所说的"过马路"哲学。他的用人哲学是"用人不疑、疑人不用"，因而在研究所凝聚了一批"敢死队"。在"863计划"自动化领域，上千名专家学者，都跟着他"活着干，死了算"！

蒋新松曾手把手教我写项目申请书，告诉我一是要尽可能多地了解国内外前沿信息；二是要把实际需求写得真实、栩栩如生；三是要写可行性，更要写难度，要站在国家的角度，主动联合可能的对手，让主管部门看出我们的能力、潜质、大局观；四是一定要浓缩出几句或几处能让人眼睛一亮的观点或表述，这样可以格外引起注意、画龙点睛。他的报告中不乏"随着信息时代的到来，地球变小了""机器人是机器，不是人"等给人深刻印象的金句！在作报告时，为了达到一定的视听效果，他会根据报告厅大小、与听众距离，确定报告PPT的行数、字的号数、颜色等。他曾让我把这些写在所报上，让大家参考。他耳提面命的这些教诲，让我受益匪浅！

蒋新松重知识，更重能力；重理论，更重实践；重规划，更重实施；重结果，更重过程。"实践是检验真理的唯一标准"在他身上体现得淋漓尽致，求真务实是他最核心的价值观和最基本的行事理念。实践证明：有了正确的思路、方法，事半功倍；思路、方法不对，事倍功半。不讲方法，只有勇气、热情，往往徒劳无功；只有聪明才智，缺乏热情、毅力，或者半途而废，或者一事无成。知识，包括书本知识和实践知识，是基础，是根本，没有相应的专业知识，一切都可能是空中楼阁或无米之炊。能力是完成某项工作或任务的体现，只能在实践中培养和提高。理念和方法是获取知识并将知识转化为能力，将能力融入实践，解决实际问题的桥梁。

他的这些理念和方法，对从事科研和管理工作的人，至今仍有很大的指导作用和实践价值。

➤ 6.2.3 精神和品格

蒋新松的精神境界、人格魅力，更是一笔宝贵的财富，值得科技工作者学习、传承和发扬。

6.2.3.1 勤奋、坚持——永不懈怠的思想者、探索者和实践者

凡与蒋新松打过交道、有所接触，甚至对他的行事风格有所非议、受过他批评处罚的人，都由衷地认可和佩服他的勤奋和能力。

曾和蒋新松一起在鞍钢工作过的人讲，老蒋的勤奋是超乎寻常的。早晨不到5点就起床，看书、设计或修改图纸，白天安装、试验、讨论，晚上则坐在床上，嘴上叼着铅笔，看书、啃资料，不过10点不休息。他就这样坚持了整整10年，啃下了鞍钢冷轧机技术改造这块硬骨头！

和蒋新松一起出国考察的同志说，一天的旅行、参观、交流、宴请结束后，他往往一直工作到半夜一两点，边看资料，边写报告。沈阳自动化所的司机都说，蒋所长坐车就一个要求：快！

我曾和他出差住在一个房间，他早晨不到5点就打开计算机或展开书本研究或学习。他的勤奋，不仅仅体现在学习与思考上，为了一个目标、一件

事情、一个项目的实现,他要调查规划、安排人力、游说各方、保证条件、检查落实,几乎没有闲着的时候。这不是一天、两天,几乎是天天如此、年年如此!

他的人生轨迹,就是在一个既定目标下学习、思考、探索、实践、总结,以咬住青山不放松的劲头,脚踏实地地做好每一件事情,然后再瞄准下一个目标,周而复始,驰而不息。他的坚持,既表现为在挫折面前不气馁、持之以恒,也表现为在成功面前不骄傲、心如止水。如果没有他10年的坚持,鞍钢冷轧机改造不会取得成功,如果没有他20年的坚持,中国的水下机器人不会从纸上谈兵变成深海利器。在他的成就和光环背后,是艰辛的付出,浸透着心血和汗水。正如爱迪生所说:所谓天才,是百分之一的灵感加上百分之九十九的汗水。他将自己的分分秒秒,都献给了祖国的科技事业!

功崇惟志,业广惟勤;宝剑锋从磨砺出,梅花香自苦寒来。勤奋与坚持,是每一位优秀科技工作者和成功人士的必备品格。

6.2.3.2 创新、求是——既是思想方法,也是精神品格

蒋新松一贯认为,作为中国科学院的研究所,要源源不断地给国家、给社会、给企业提供新理论、新方法、新技术和新产品。对他而言,最高兴的事情,莫过于能有一个新的想法,一个确定的项目,一项可操作的措施,一段可以确切表达出思想的文字。最难能可贵的是,他能将这些新想法、新概念、新目标落到实处。

他提出搞CIMS、CIPS、现场总线、水下机器人、特种机器人以及工业机器人产业化研究,可以说这在当时国内是最早或至少没人做过或没人做出来过的。按惯例,这些列入国家计划的项目,做出样机,写成论文,顶多示范用一下,就可以交账。但在他手里,这些项目不仅实现了成果转化,实现了产品工程化,而且都占据了相当的市场份额。要将创新落到实处,必须要有务实的理念、可行的目标、求是的精神和科学的方法。他认定:工程技术项目一定要一竿子插到底。蒋新松乐于也善于求真、求是,这是他的爱好和习惯。

有一次，他问我：小平同志讲的"科学技术是第一生产力"中的"第一"，翻译成英文，是 metro（元的意思）还是 first（第一位的意思）？他对与其工作相关的科学、技术、研究、开发、产品、产业化、企业文化等术语的内涵，都有独特的解释和精准的阐述。蒋新松认为，任何事情，无论大小、不分行业，都有各自的内在规律，与外界有着各种不同的关联，这是辩证唯物主义的思想方法。抓住本质，抓住关键，选择好解决问题的突破口，确定一条正确的实施路线，是成功之本。认识与实践，相互促进，螺旋式上升，最终达到自由王国。这就是求是的过程，也是将创新做到实处的必由之路。

6.2.3.3　担当——责任感、危机感、压力感

蒋新松少时就有天降大任于斯人的感悟，在学生时就立下为国家做大事的抱负，经历人生挫折和历练后，当机会来临时，放弃任何个人享受，主动将振兴民族大业的责任扛在肩上。

在"文化大革命"期间，蒋新松这个"摘帽右派"在所研制的设备进行风险性极大的试验时，他就顶着被批判、被打成破坏生产坏分子的风险，主动承担责任。担任所长后，他争取并行使所长权力，更是敢于担当、敢于负责，比如，职工分房方案确定后，他在全所大会上告诉大家，谁有意见就找他；评定技术职称，他只是评委之一，为避免人情关系等问题，宣称自己有最后否决权。

蒋新松从不将责任推诿给同僚或下属，麻烦、敏感的事情，他都自己扛着。1991年，在考察了俄罗斯科学院远东分院海洋技术问题研究所后，决定与该所合作研制6000米水下机器人，他给国家科学技术委员会领导人写下军令状，负责并保证完成任务。1997年1月，就改进后的6000米水下机器人再次深潜试验问题，他表示自己和研究所愿意承担全部责任，不推诿、不回避。

在担任沈阳自动化所所长的15年中，"三感"——压力感、危机感、责任感，是蒋新松最常说的几个词。当研究所取得成绩和进展时，很少看到他喜形于色，也不许别人沾沾自喜，他告诫全体员工："天外有天，骄兵必败。""机不可失，时不待我。"他将"三感"传递给我们，让我们永不止步，

永远朝着更高、更远的目标迈进。他自己更是用"三感"不断鞭策自己,一直奋斗到生命的最后一息!

6.2.3.4 严于律己、洁身自好、以身作则——做人做事的底气

在20世纪八九十年代改革开放的大潮下,我国各项事业蓬勃发展,随之而来的也有泥沙俱下、浊流涌动。即便在科技领域,形式主义、官僚主义、享乐主义、奢靡之风也时有出现甚至有蔓延之势。蒋新松始终秉持科技工作者的职业操守和道德底线,为我们树立了洁身自好、严于律己、廉洁奉公的榜样。

不弄虚作假,坚持实事求是。对沈阳自动化所承接的科研项目,蒋新松要求一定要重实效,决不能写个总结、发篇论文、开个会就算完成。在填报效益这一项时,他要求科技处一定要把好关,决不能虚报、夸大。例如,沈阳自动化所20世纪90年代初引进一台外国设备,消化吸收后再自行制造,由于时间、经费、技术等原因,有位负责同志提出将原设备表面处理一下,顶替交账。蒋新松闻后大怒,严厉斥责,后经攻关直到超标准完成项目。机器人示范工程竣工后,不少领导、相关企业经常来所参观,有的要提前几天准备,参观时还要停下工作示范讲解,一些科研人员对此很反感,担心影响工作。蒋所长要求管理部门配合项目组,在卫生、仪器放置、工作流程等方面做到常态化,有人参观时与平时工作一样,基本做到了不用提前准备。

不跟风随俗,出淤泥而不染。有一段时期,一些单位日常的一项主要工作就是迎来送往、陪吃陪喝,有些专家热衷于受邀参加各种评审会、鉴定会。一开始,蒋新松偶尔也应邀参加,后来就不参加了。一是他本人拒绝那些无聊的会议,二是再也没人请他了。因为他不喜欢大讲溢美之词,不是世界领先,就是国际先进,而更多的是讲一些不足或值得改进的地方,实事求是地予以评价。作为所长,他很少陪客、宴请,他不止一次表白:必要的礼仪要有,但反对甚至讨厌吃吃喝喝、拉拉扯扯、吹吹拍拍。为了个人的事,他从不到上边走动,也反对甚至拒绝别人到家里说事办事。他从不随波逐流、趋炎附势、唯上是从;为了公事,不止一次和上级领导理论是非,甚至发火。

不贪图名利，始终洁身自好。蒋新松把自己的成绩、沈阳自动化所的成绩、国家自动化科技领域的成绩，首先归功于党的改革开放政策和他的"敢死队"，包括上千名来自全国各地的领域专家。他本可以在其亲自策划、提出并组织实施的项目完成者名单上填列其名，或至少拿一份奖金，甚至也可以利用手中的权力，谋得一些好处，但他没有！和所班子的同事一样，他每年拿着规定的奖金。他说，他没有参加具体工作，没焊过一条线，没编过一条程序。至于提出建议、向上申请、参加试验等，他认为都是所长应当做的本职工作。1994年，他获得了"光华工程科技奖"，大概有10万元奖金，有人说：老蒋太抠，起码也得请人餐一顿。他私下和我说，该拿的心里坦然地拿，不该拿的一分钱也不要。习近平总书记谈反腐倡廉时曾引用孔老夫子的话："政者，正也""其身正，不令则行；其身不正，虽令不从。"己能正，才能正人。蒋新松之所以有很高的威望，自身硬、自身正是其重要的原因。

6.2.3.5 性格与作风——傲气、霸道、严苛

金无足赤、人无完人，蒋新松也有自己的缺点和"毛病"。和他打过交道的一些人有时会说，蒋新松"严苛""霸道""傲气"。"严"的有时不近人情，"霸"的有时说一不二，"傲"的有时视而不见。

很多人都知道，蒋新松从不媚上压下、欺软怕硬。的确，他对那些违反规章制度，特别是影响集体利益，包括极个别谁也不敢管的人，绝不手软，对其进行批评、呵斥、处分。对同事、管理部门主管更是从严要求，对不想事、不干事、混世度日的人，当面甚至当众指出，不留情面，绝不姑息。这样一个严厉有余、霸气十足的人，却特别喜欢别人与他讨论甚至争辩专业和管理上的问题，也特别喜欢别人当面提出批评和建议。他不搞任人唯亲，不搞小圈子，看不惯钩心斗角、阳奉阴违。不管是干部，还是群众，只要真抓实干，出了问题，他都主动担责。

对不同意见，只要当面提出，他都会认真考虑，不会固执己见。我不止一次不同意他的想法或工作安排，不仅没有觉得他不高兴或给小鞋穿，反倒觉得他对我更信任、更放手。人们有时也议论：如果没有他的这种严厉与霸

气，沈阳自动化所会有今天吗？平和一些、谦和一下、委婉一点儿，不是更好吗？人非圣贤。我深思：蒋新松这种性格的人——说话直来直去，办事脚踏实地，做人清正廉洁，从不弄虚作假，不会装模作样、请客送礼，从不拉帮结伙，为什么会得到全所上下的拥戴？为什么会有那么多人，自觉自愿地跟着他"活着干，死了算"？

蒋新松的这种性格和工作作风，得到了科技界很多领导的信赖和尊重。据我所知，当时的国务委员、国家科学技术委员会主任宋健，不止一次在蒋新松呈送的报告上做过细致批示。时任科技部部长朱丽兰说，蒋新松绝对是个科技帅才，是个难得的战略科学家。有一次她来沈阳开会，当着省市领导的面儿介绍蒋新松说，老蒋说话直率、有啥说啥，但都是真知灼见，对你们肯定有用。国防科学技术工业委员会主任、同样是自动化专家的丁衡高上将，曾借来沈阳出差之机，事前没打任何招呼，轻车简从来到所里，与蒋新松当面了解和探讨有关机器人和CIMS的问题。原中国科学院副院长胡启恒说，我与蒋新松共事多年，深知他才高出众，并有着困难压不倒、挫折摧不垮的顽强斗志和蓬勃朝气。

我想，这就是蒋新松智慧的力量，行动的力量，人格的力量！

➤ 6.2.4 理想和信仰

6.2.4.1 国家至上——根深蒂固的爱国者

著名军旅作家李鸣生将其报告文学取名为《国家大事——战略科学家蒋新松生死警示录》。他在书中写道："蒋新松一生最喜欢谈的，就是国家的事情；最喜欢想的做的，也是国家的事情。"[①]

许多人都知道：蒋新松是个最爱谈论国家大事的人，也是个最忧国忧民的人，他讲得最多的是国家、国家的需要、国家的利益。他选择项目的主攻方向主要体现了国家的战略需求，这类项目往往经费结余有限，但能解决国

---

① 李鸣生. 国家大事——战略科学家蒋新松生死警示录. 北京：作家出版社，1999.

家急需的关键或核心技术，项目实施过程中不局限于一个单位单打独斗、大包大揽，而是着眼于全国的大协作，实行优势互补。他主持制定的规划、计划，不是空谈、遐想，最终都要给国家带来实实在在的效益。

我国机器人、工业自动化技术的发展表明，蒋新松不仅对国家的事情说得最多、想得最多，而且为国家下的力气最大，做出的贡献也最多。儿时的亡国奴经历、母亲的教诲、学生时代党的教育使他懂得：只有国家强大了，个人才有自由、幸福、尊严可言；国家一旦遭难，必是山河破碎，殃及百姓。所以，在蒋新松的心中，国家利益至高无上，他始终将个人命运与国家命运连在一起。

6.2.4.2 逐梦科技——勇于献身的科学家

蒋新松从小憧憬世界的神奇、科学的美妙，立志要做科学家，做像爱因斯坦、牛顿、爱迪生那样的大科学家和发明家。他说，"科学事业是一种永恒探索的事业，它既没有起点，也没有终点，成功的欢乐，永远是一刹那。但无穷的探索，无穷的苦恼，正是科学本身的魅力所在"。他又说，"科学事业是豪迈的事业，需要我们用毕生的精力去探索、追求和攀登"。[①]

习近平总书记在2018年春节团拜会上的讲话中指出，"只有奋斗的人生才称得上幸福的人生……奋斗者是精神最为富足的人，也是最懂得幸福、最享受幸福的人……新时代是奋斗者的时代"。[②]国家梦想和科学理想，就是蒋新松毕生的最大追求。

6.2.4.3 初心永在——名副其实的共产党员

蒋新松于1980年申请加入中国共产党。并非有些人想象的是经组织或个人引导、劝说，他全然是自觉自愿的。他认为，一方面，半个多世纪以来，

---

① 纪慎之，刘洋. 蒋新松的理想与信仰. http://www.sia.cas.cn/xwzx/zt/kxj/jxsjs/zydn/202104/t20210412_5992079.html [2021-12-28].

② 习近平：在2018年春节团拜会上的讲话. http://www.ccps.gov.cn/xxsxk/zyls/201812/t20181216_125688.shtml [2021-12-28].

中国最优秀的人才几乎全部集中在了共产党内，共产党也应该吸纳更多的优秀知识分子，这对国家的建设、改革、发展，以及最终实现其目标起着重大作用；另一方面，知识分子也应主动加入党的队伍中，自觉地接受党的领导，融入党的事业之中，为党的事业努力奋斗，这是一种向往，一种责任，也是一种担当。

蒋新松入党后，更是严格要求自己，更大限度地发挥自己的光与热，更切实地关心基层群众的生活冷暖。例如，他任所长期间，致力于改善职工住房条件；有一位老同志的孩子在社会上出了事，抬不起头来，蒋新松让我转告他不要有思想负担；研究所里一位同事的孩子身有残疾，他破例允许接受其来所工作。

1997年2月19日，他最敬仰的邓小平同志逝世，噩耗传来，他悲痛欲绝，随即写信给所党委书记。信中说："我作为一个知识分子，是小平同志制定的一整套政策的直接受益者；是小平同志把我从十八层地狱中解放出来；是小平同志批准的'863计划'，把我推向了自动化领域首席科学家的岗位；是敬爱的小平同志给我提供了广阔的活动舞台（，使我）得以施展我报效祖国的夙愿。""作为一个党员的我，一定要化悲痛为力量，沿着小平同志开创的道路，奋勇前进，为我们伟大祖国的科学事业做出新的贡献！"[1]对党忠诚之情，发自肺腑，溢于言表。

6.2.4.4　生命不息、奋斗不止——生命的意义

为了党的事业，为了国家和民族的利益，为了自己的理想和人生价值的实现，蒋新松可谓殚精竭虑、呕心沥血、鞠躬尽瘁！他生前常说："祖国和科学，我心中的依恋和追求""我的欢乐，就是无穷的苦恼；我的幸福，就是永远的探索""活着干，死了算，科学没有八小时制。"

的确，蒋新松有着与传统意义下的科学家不一样的气质。他在40余年的

---

[1]　纪慎之，刘洋. 蒋新松的理想与信仰. http://www.sia.cas.cn/xwzx/zt/kxj/jxsjs/zydn/202104/t20210412_5992079.html [2021-12-28].

科研生涯中，交织并呈现着多种不同的角色。在实验室、办公室或家中宁静的灯光下，他专注地学习、思考、笔耕，仿佛是在尽情吸吮着知识的营养，这时他是一个温文尔雅的学者；在探索、求解、攻克一个个难题时，他则像一个在充满荆棘的山路上奋力向上的攀登者；在讲台上，他激情四溢，拿着教鞭，指向屏幕，要把自己的才学见解，尽情传达给听众，这时他像一个演说家；作为一所之长或首席科学家，他运筹帷幄，率领"敢死队"攻城拔寨，这时他又像一个统领千军万马、指挥重大战役的将军！

开国元勋陈毅元帅有诗云：大雪压青松，青松挺且直。若知松高洁，待到雪化时。蒋新松先生的精神与品格，就像那雪中的青松，坚毅挺拔、巍峨高洁，永远值得我们后来人传承和铭记！

6.3 水下机器人团队的创新精神 ①

随着改革开放的全面启动和深入发展，科学春天的来临，以蒋新松先生为代表的科学家们凭着对科学事业的执着追求，以高瞻远瞩的战略眼光，坚信在我国海洋战略中广泛采用水下机器人技术是必然选择，于是沈阳自动化所率先确定并开展水下机器人研究。从此，在波澜壮阔且充满艰辛的技术创新发展道路上，许多科技工作者呕心沥血、砥砺前行、不断创新。如今，沈阳自动化所水下机器人学科已经实现了跨越式发展，跻身于世界先进行列。作为水下机器人研发队伍中的一员老兵，我见证了中国水下机器人学科的纵横发展历程。

水下机器人刚诞生时，并没有受到人们的普遍重视。直到20世纪80年

---

① 该部分原题《水下机器人技术创新发展之路》，已收入《从三好街到南塔街——沈阳自动化研究所60周年纪念文集》（辽宁科学技术出版社，2018年），收入本书时有改动，为叙述和行文方便，仍采用第一人称。原作者康守权（1950—），1975年12月至2010年12月在沈阳自动化所工作直至退休，曾任水下机器人研究开发工程部（研究室）党支部书记，研究员。

代初，由于海底石油开发的需要，国外水下机器人学科才飞速发展起来，当时我国在水下机器人方面的研究几乎是一片空白。沈阳自动化所瞄准这一前沿技术，组织了全国最大规模的水下机器人研究队伍，开展"智能机器在海洋中的应用"的可行性研究，确定以"海人一号"遥控水下机器人样机作为主攻目标。

通过科学家们的勤奋工作和全国几个单位跨行业的大协作，攻克了水下机器人的多项尖端技术难关。1986年12月，"海人一号"在南海试验获得成功，这是我国第一台水下机器人样机。国内有关专家学者认为，"海人一号"的立项有科学战略远见，在技术上达到了20世纪80年代同类产品的国际水平。这一成果为我国的水下机器人事业奠定了基础。

➤ 6.3.1 高起点"借船出海"

根据当时的技术水平，蒋新松等科学家们敏锐地意识到，只有站在巨人的肩膀上才能看得更远、摸得更高、发展得更快！充分借鉴国外的先进技术，可使我国水下机器人技术迅速提升。于是，确定了走"以国内技术成果为基础、以国际合作为高起点、以自主创新为主体"的发展战略。1986年，沈阳自动化所与美国佩瑞公司合作，先后派遣了12名具有多个专业背景的技术人员赴美考察，历时近6个月。这次技术合作主要针对当时技术先进、性能可靠、应用记录非常可观的中型水下机器人——RECON-Ⅳ系统的技术引进。

为保证引进成功，沈阳自动化所领导严密部署，调动骨干力量，查阅了大量技术资料，认真总结"海人一号"研究开发的技术和经验，对参加技术合作的人员集中培训，在极短的时间内，组建了一支专业能力强、勇于拼搏的技术队伍。合作期间既有个人的明确分工，也有整体的共同目标。他们白天认真学习，晚上深入讨论，消化吸收，归纳总结，同时准备第二天的工作。美方技术人员对我们的虚心学习、刻苦钻研，对技术问题一丝不苟的精神表示赞叹。如此庞大的RECON-Ⅳ系统，其技术内容之多、水平之高，宛如一桌盛宴，有待品尝。在深入理解的基础上，中方技术人员也提出了诸多技术问题与美方人员探讨，其中的很多问题还是有深度、有广度、有水平的，这使得美方技术人员颇感惊讶。通过深入交流，中方的很多建议都得到了认可和采纳。

功夫不负有心人，不到半年的时间，成功引进了RECON-Ⅳ系统，使我国水下机器人的发展实现了一次质的飞跃。在此后的研发过程中，我们更加深刻地体会到，就当时世界水下机器人的技术水平来说，该系统在对外部约束条件、规范应用、功能确定、参数选择、机械和控制设计，以及维护要求等方面都科学合理，基本可以做到无懈可击。对目前水下机器人的开发，仍有借鉴和参考价值。

随着世界工业的飞速发展，人类对矿产资源的需求日益增长。为完成这一使命，从1992年开始，在国家"863计划"的支持下，沈阳自动化所协同院内外单位与俄罗斯科学院远东分院海洋技术问题研究所开展技术合作，成功联合研发了"CR-01"和"CR-02"两型6000米自治水下机器人。为适应海底通信业发展的需要，又于20世纪90年代末期，与意大利Sonsub公司进行技术合作，联合开发了海底行走式水下机器人——"海星"号自走式海缆埋设机。

作为与美国、俄罗斯、意大利这三次国际技术合作的参加者，我们深深体会到，推进科技发展、提高科技创新能力、培养创新人才，对于国家的技术发展是何等重要。请进来、走出去，从高起点出发，在合作中提高，在合作中前进，可以说，通过国际技术合作实现了我国水下机器人技术的3次飞跃。

➢ 6.3.2 合作中创新跨越

为加强水下机器人的研究力量，保证持续创新发展，沈阳自动化所于1988年正式组建"海洋机器人工程开发及应用公司"（1990年撤销后成立水下机器人技术研究开发部），这是沈阳自动化所水下机器人学科的首个独立研究单元，集中了三十余位优秀的科学家和工程技术人员，专门从事水下机器人的研究、设计、生产和实际应用，在世界水下机器人技术飞速发展的年代里，为中国水下机器人技术的发展写下了浓墨重彩的篇章。

有缆遥控式水下机器人又称遥控潜水器，如RECON-Ⅳ系统。这种水下机器人能够在水下环境中长时间作业，尤其是在潜水员无法承担的高强度水下作业和在潜水员不能到达的深度以及危险条件下作业时，更能显现其优势。操作手在水上控制室内，能够通过摄像机观察海底世界，宛如身临其境，能够通过机械手和其他水下作业工具完成繁重、精确、复杂和长时间的水下作业任务。

在几年时间里，沈阳自动化所研制成功了包括RECON-SIA-300、"金鱼"号、"海潜一号"、"海潜二号"、"海极"号等多种级别的遥控水下机器人。它们有的销往国外，有的用于海洋综合调查，有的用于石油钻井平台技术服务，有的用于水电站大坝和港口码头的检查，有的用于沉船沉物的打捞，有的用于援潜救生。2001年12月，完成了具有典型意义的"海潜二号"遥控水下机器人的研制。相对于引进的RECON-Ⅳ系统来说，其在技术上实现了全方位、大踏步的提升，如驱动功率（水下载体功率）由4HP提高到20HP；功能由观察型发展为多功能作业型；驱动方式由电机直接驱动改为电机-液压驱动；控制系统也由模拟控制发展为数字控制；等等。这是一台根据多年技术积累和设计经验研发的具有全部自主知识产权的遥控水下机器人。"海潜二号"的研制成功，使得国内外同行和相关领导确信，沈阳自动化所已经从仿造到制造，从制造到创造，具备了创新开发任何新型有缆遥控式水下机器人的实力。自此，诸多创新技术成果和新装备相继研发成功。

沈阳自动化所与意大利Sonsub公司联合研制的"海星"号自走式海缆埋设机，是海底爬行式有缆遥控式水下机器人，专门用于海底光缆埋设，是国家急需的高技术设备。该项目起点高、难度大、技术复杂，涉及计算机综合控制、自动跟踪与驾驶、海底爬行机理、水下载体结构、水下挖掘和工具以及水动力等高新技术，该项目具有大功率、大深度、强作业能力的特点。"海星"号的研制过程是一个自主创新的过程，不仅填补了国内空白，而且在技术上达到了国际先进并部分达到了国际领先水平，是水下机器人发展过程中又一项具有标志性意义的重大成果，也为后续研制重型遥控水下机器人打下了基础。

自主水下机器人，由于没有脐带缆的约束，其对母船依赖性较小，且作业范围大、灵活性强。由于海洋的特殊环境，人们更希望或更需要自主水下机器人有强大的自主能力，如对环境认知、推理、决策、规划、学习和合作的能力。随着人类对矿产资源需求的日益增长，许多发达国家对海洋极其关注，特别是对公海资源的勘察和占领更是热点。针对这一使命，研制自主水下机器人是明智的选择。

在国家"863计划"的支持下，集国内近百名科技人员开展了我国第一台自治水下机器人——"探索者"号的研究开发。1994年10月28日，经过4年的艰苦拼搏，"探索者"号在西沙群岛海域成功下潜到1000米深处，成为我国水下机器人挺进深海的先驱。有关专家一致认为，"探索者"号自治水下机器人的整机功能、主要技术性能指标，均达到了20世纪90年代国际同类水下机器人的先进水平，填补了国内空白，标志着我国自主水下机器人技术已走向成熟。

开拓者们当然不会满足于水下机器人下潜1000米的目标，而是立下了向6000米深海进军、向太平洋公海进军的雄心壮志！这是一个大胆的跨越，更是一个诱人的目标。科研团队与俄罗斯专家密切合作，历经5年的拼搏奋斗，顺利完成了"CR-01"自治水下机器人的设计、制造、装调、模拟试验、水池试验、浅海和深海试验与应用工作。

"CR-01"自治水下机器人，曾于1995年8月和1997年5月先后两次赴太平洋5300米深的我国开辟区，圆满完成了海底多金属结核资源丰度调查任务，获得了清晰的海底录像、照片和声呐浅地层剖面图。1999年3月22日，《科技日报》头版头条报道"中国已具备全面研究开发海洋的实力"，对该水下机器人作了恰如其分的评价。6000米自治水下机器人在太平洋调查的成功，使我国能够对占世界海洋面积97%的大洋海底进行精确、高效和全覆盖地观察、测量、储存以及进行实时信息传输，同时还建成了由资源库、环境库和文件库组成的"大洋矿产资源研究开发数据库",为中国成为"先驱投资者"和在新世纪开拓大洋资源,提供了强有力的技术手段。"CR-02"自治水下机器人是基于"CR-01"的新一代6000米自治水下机器人,其性能大幅度提高,可用于在国际深海山区经济价值更高的钴结壳资源丰度调查。

2010年,在全面掌握了深水自治水下机器人技术的基础上,沈阳自动化所联合国内多家单位,历经近10年时间,研究并突破了智能控制、精确导航、高效能源应用、海洋环境观测、海底地形地貌探测等关键技术,历经上百次湖上和海上试验,研制成功了我国首型长航程自主水下机器人,创造并多次刷新了我国自主水下机器人一次下水连续航行距离和航行时间的纪录,标志着我国已全面掌握了长航程自主水下机器人技术,迈入国际先进水平。

➤ 6.3.3 践行"海人"精神

在水下机器人技术发展历程中,沈阳自动化所经历了从概念到研究、从研究到开发、从开发到产品、从产品到市场应用的技术创新全过程,同时也造就了一支以"献身、求实、协作、创新"为价值观的科研队伍。他们坐下来能写、站起来能讲、挽起袖子能干,被誉为一支勇于创新的"敢死队"!

水下机器人的研制离不开海试,每次海试都是考验。对于海试,必须精心策划,准确实施,既要保证试验成功,同时也要确保人员与设备的安全。浩瀚的汪洋大海,时而风急浪高,时而骄阳似火,时而大雨倾盆。海上波涛汹涌,而海试队员的胃里也倒海翻江,其条件恶劣难以想象,每次海试都是如此。在如同蒸汽桑拿房的甲板上,参试人员不但要克服晕船的痛苦,还必须完成各项试验任务,其中不乏繁重的体力劳动和有生命危险的工作。他们皮肤晒掉了一层又一层,汗水出了一身又一身,但只有一个信念就是要将试验做好!如果没有必胜的信念、顽强的拼搏精神和群体的凝聚力,就没有一次又一次的圆满成功,就没有科研工作的屡战屡胜,就不可能取得一项又一项开创性的科技成果。

在短短的三十几年里,沈阳自动化所创造了多项水下机器人的中国第一。

据不完全统计，沈阳自动化所已先后研制成功自身重量从几十千克到几十吨，工作深度从几十米到六千米甚至上万米的数十台、多种型号的水下机器人。在海洋科学考察、海洋资源调查、海底石油开发、援潜救生、水下搜索、海空难抢险、水下设备安装与维护、危险物品排除等诸多领域获得成功应用，为探索海洋、开发利用海洋、维护国家海洋权益和加强国防现代化建设，做出了突出贡献！沈阳自动化所在水下机器人技术领域所取得的一系列丰硕成果，带动了诸多产业的发展，成为我国先进制造技术的典型代表。

此外，还有一些新型水下机器人和装备研制成功并交付使用，如加强作业型遥控式水下机器人、6000米级遥控式水下机器人、"潜龙"系列自治式水下机器人、"海斗"号自主遥控水下机器人、多型吊放系统、多型机械手、快速反应型水下机器人、水下滑翔机器人等，不胜枚举！2020年11月10日，沈阳自动化所作为主要参研单位研制的"奋斗者"号全海深载人潜水器在西太平洋马里亚纳海沟成功下潜至10 909米，创造了中国载人深潜的新纪录，标志着海洋机器人技术步入了新阶段。

目前，沈阳自动化所"海人"队伍有近300人。队伍壮大了，但"求真务实、甘于奉献、凝心聚力、敢为人先"的"海人"价值观和创新精神没有变，这是未来沈阳自动化所的希望，也是中国水下机器人事业的希望！

面对充满神秘、浩瀚无垠的大海，人们一直有强烈的探索欲望，但是没有技术的支撑，只能是望洋兴叹！如今，由于水下机器人技术的出现和快速发展，已将人类的视觉和行为能力延伸进了海洋空间。在不久的将来，水下机器人将承载着人类的寄托和梦想，携带或代替人们巡游海洋的各个角落，让我们继续发扬水下机器人团队的"海人"精神，不断去探索、研究、开发和利用海洋。

6.4 "海人"精神与"蛟龙"号研制 ①

2018年1月8日，在2017年度国家科学技术奖励大会上，以沈阳自动化所作为主要参研单位参加的"蛟龙号载人潜水器研发与应用"项目荣获国家科学技术进步奖一等奖（图6-2）。

"蛟龙"号7000米载人潜水器是国家"十五"期间"863计划"重大专项。沈阳自动化所作为主要研制单位之一承担"蛟龙"号控制系统的研制和海上试验技术保障任务。控制系统团队研制了我国首套具有完全自主知识产权、性能国际领先的深海载人潜水器控制系统，为"蛟龙"号的海试成功奠定了坚实的技术基础。

图6-2 沈阳自动化所
获奖证书

2012年7月，"蛟龙"号顺利完成7000米级海试，最大下潜深度达到7062米，取得了国际上同类作业型载人潜水器下潜深度的最好成绩，使我国具备了在全球99.8%的海底开展科学研究和资源勘探的能力，实现了我国深海技术发展的新突破和重大跨越，标志着我国深海载人科学研究和资源勘探能力达到国际先进水平。

沈阳自动化所"蛟龙"号7000米载人潜水器控制系统研发团队，团结

---

① 该部分原题为《"蛟龙"号控制系统的研制》，已收入《从三好街到南塔街——沈阳自动化研究所60周年纪念文集》（辽宁科学技术出版社，2018年），收入本书时有改动，为叙述和行文方便，仍采用第一人称。原作者刘开周，2002年3月至今在沈阳自动化所学习和工作，研究员，"蛟龙号"控制系统设计师、试航员，2012年被中共中央、国务院授予"载人深潜英雄"称号。原作者王晓辉，1998年6月至今在沈阳自动化所工作，研究员，曾任水下机器人研究室主任，"蛟龙号"控制系统副总设计师。

协作、攻坚克难，解决了诸多技术问题，确保了控制系统运行稳定可靠，秉承和发扬了"求真务实、甘于奉献、凝心聚力、敢为人先"的"海人"精神，诠释了沈阳自动化所创新文化的巨大力量。

➤ 6.4.1 深海宝藏 造福子孙

我国陆地面积为960万平方千米，而海洋面积为300多万平方千米，海岸线长达18 000多千米。国际海底区域总面积为2.517亿平方千米，占地球表面积的49%，蕴藏着多种自然资源，包括矿物资源、生物基因、能源资源、蛋白质等。仅在当下，全世界海洋经济的总产值就已超过10万亿元人民币，而且每年还在以平均11%的速度增长，预计到2030年时还将增长超过两倍。在2001年5月联合国缔约国文件中明确提出，21世纪是人类向海洋进军的世纪。

2012年，我国明确提出"提高海洋资源开发能力，发展海洋经济，保护海洋生态环境，坚决维护国家海洋权益，建设海洋强国"[1]。因此发展海洋经济，保护海洋生态环境，坚决维护国家海洋权益，发展深海装备，是提高我国海洋资源开发、海底探测和深海科学考察能力，保障海洋权益，建设海洋强国的重要保证。尤其在深海还蕴藏着人类社会可持续发展的战略资源，是事关国家安全的战略空间，更是大国博弈的重要战场。掌握深海关键技术是我国进入深海、研究深海、开发深海、确保深海安全的必由之路。之前，世界上仅有美、俄、法、日等国家拥有成套的载人深潜技术。长期以来，由于缺乏此类技术，我国认知和利用深海的能力以及对国际深海治理的主导权和话语权受到严重影响。

1999年10月，中国大洋协会先后数次组织召开"中国国际海底区域资源开发战略研讨会"、"中国深海运载技术需求论证会"和深海载人潜水器座

---

[1] 胡锦涛在中国共产党第十八次全国代表大会上的报告. http://cpc.people.com.cn/n/2012/1118/c64094-19612151-8.html [2021-12-28].

谈会等会议，来探讨我国发展深海运载装备的方略。

2001年6月，鉴于我国已成功研发了6000米级无缆自治水下机器人，因此从促进深海技术装备全面均衡发展的角度出发，科技部确定"十五"期间重点研发更大深度的载人潜水器。同年12月，7000米载人潜水器总体方案通过专家评审。

2002年6月，科技部正式批准设立国家"十五"期间"863计划""7000米载人潜水器"重大专项，同时确定4项标志性技术目标。沈阳自动化所等国内深海装备研发优势单位成为项目研制的核心骨干力量。

2003年7月，7000米载人潜水器控制系统合同签订工作正式启动。6月，根据科技部带动深海相关技术发展的要求，7000米载人潜水器重大专项公布了"水下目标自动识别与视觉定位技术研究"等5个专题指南。7月，确定深海共性技术研究专题"基于视觉的定位技术"由沈阳自动化所作为承担单位。

➤ 6.4.2　勇于创新　功能多样

截至2001年，美国的Alvin载人潜水器已下水36年，法国的"鹦鹉螺"号已下水15年，俄罗斯的"和平"号已下水13年，日本的"深海6500"已下水11年，而我国载人深潜技术仅为600米。与国际上同类的载人潜水器相比，"蛟龙"号载人潜水器最大的特点是深度大，其设计最大工作深度为7000米；另外，"蛟龙"号未来要搭载1名潜航员和2名科学家进行科学考察作业。因此，作为"龙脑"的控制系统，其安全性和可靠性是完成预期目标的首要任务。控制系统相当于"蛟龙"号的神经系统，每条神经末梢都与其他系统"十指连心"，"蛟龙"号在海底的每一个动作都必须得到"龙脑"的指令，倘若控制系统出现丝毫偏差，后果都将不堪设想。

可以说，"蛟龙"号这颗睿智的"龙脑"是控制系统团队集体智慧的结晶，它体内流淌着纯正的"中国血统""科学院血统""'海人'血统"——由沈阳自动化所自主设计、自主研制，它的创造者既有院士，也有工人，既有"80后"，也有"50后"老专家。"蛟龙"号作为国内首套载人深潜装备，其控制系统的开发无现成经验可循，在封锡盛院士和总体组成员张艾群研究员的精心指导下，"蛟龙"号副总设计师、控制系统课题负责人王晓辉带领控制系统团队创造性地将原有的自主水下机器人自主控制功能与遥控水下机器人的人在回路的控制理念相结合，构建了大深度载人潜水器控制系统的体系结构。研制了潜水器的航行控制系统、导航定位系统、综合信息显控系统和水面监控系统等工作系统，以及数据分析平台和半物理仿真平台等辅助系统，能够实现航行控制、导航定位、综合信息显示、水面监控、水下目标自动搜索、数据自动分析与故障诊断、半物理仿真模拟和潜航员培训等功能。

2003年8月31日，国家海洋局组织专家在无锡召开了7000米载人潜水器初步设计专家评审会。评审专家组听取了初步设计工作报告和总体集成、总体性能与总布置、观通与控制、声学、结构与舾装等分系统的专项汇报。经质询讨论，专家组一致同意评审通过，并转入详细设计阶段。

2004年，是7000米载人潜水器控制系统进入实质性研制阶段的关键一年。2月，在北京完成详细设计评审；5月，郭威研究员带领肖琼林、任福琳、刘开周等4名科研骨干到无锡进行技术研讨，明确了被控对象的主要参数及系统间接口关系；6月至9月，航行控制、导航定位等核心算法研制开发完成；10月，半物理仿真平台搭建完成，为后续各系统总体联调提供了预演平台。在进入详细设计和加工建造阶段的同时，项目组启动了水面支持系统、潜航员选拔与培训、国家深海基地选址等工作，并提前对海上试验区域选址工作进行了布置。

2005年3月起，控制系统开始与生命保障系统等分系统开展联调试验。4月，控制系统各项主要功能通过半物理仿真平台验证，为后续的控制算法、软件流程、系统软硬件验证和调试，提供了重要的技术支撑。4月29日，沈阳自动化所在沈阳组织召开了控制系统子课题出所检测确认会议。专家组经过听取汇报、检查资料、现场测试和讨论质疑等环节后认为，控制系统子课题所内工作已经基本结束，现场检测项目和结果符合检测大纲要求，可以参加潜水器本体总装联调试验。

2005年8月11日至9月3日，沈阳自动化所的郭威研究员等4名后备潜航员和1名专家参加了由中国大洋协会组织的中美联合深潜活动。参与了美国Alvin号载人潜水器在东太平洋热液区完成的8人次下潜任务，下潜不仅取得了大量有价值的样品，而且为此后潜航员选拔和培训、潜水器海上试验规程的制定积累了经验。

2006年9月，在与潜水器总体单位中国船舶重工集团公司第702研究所联调的同时，控制系统与中国科学院声学研究所研制的声学系统等在北京开展了网络通信联调试验。9月25日，国外引进部件全部运抵总装现场，正式进入总装联调阶段；10月，控制系统与推进系统、液压系统在无锡中国船舶重工集团公司第702研究所进行联调。

2007年1月29日，声学系统、生命保障系统、潜浮与应急抛载分系统、电力与配电分系统、观通、推进、结构和舾装等系统先后完成出所检测确认，具备了参加总装联调和水池试验的技术条件。8月底，在王晓辉研究员的带领下，郭威、崔胜国、崔洋、任福琳、刘曙光、祝普强、刘开周等科研队员通力协作，控制系统与声学、生命支持、应急抛载和推进系统等各分系统的陆上联调试验圆满完成。10月3日起，在中国船舶重工集团公司第702研究所开展水池试验。在近4个月的水池实验期间，"蛟龙"号共完成60次水池下潜试验，先后完成了压载水箱注排水、通过计算机的4自由度推力分配、不通过计算机的3自由度推力分配、自动定向、自动定深、自动定高、悬停定位、紧急制动、坐底试验、取水样、照明灯、摄像机、水声通信、避碰声呐、声学多普勒计程仪、运动传感器、成像声呐、测深侧扫声呐、可调压载、纵倾调节、主液压源、副液压源等实验内容。控制系统团队成员共下潜56次，占此次水池下潜总次数的93.3%。

2008年3月2日，7000米载人潜水器本体达到海上试验大纲规定的技术状态，具备开展海上试验的技术条件。水面支持系统也完成了1:1钢质潜水器模型的适配试验，海上试验各项技术文件通过了专家评审和组织部门的批准，完成了潜航员全部陆地培训内容，海上试验各项技术准备工作基本完成。

➤ 6.4.3　团结协作　五洋捉鳖

发扬社会主义"大协作"的传统，通过全国逾百家优势单位联合攻关，7000米载人潜水器全面完成了设计、加工、制造、总装联调等研制阶段的各项工作，完成了水池功能试验；完成了向阳红09试验母船适应性改造和锚地、码头及近海的海上试验，开展了人机磨合演练；完成了海上试验区选址工作等。鉴于首次开展大深度载人潜水器海上试验，为确保安全、万无一失，国家海洋局明确了"由浅到深，安全第一"的总原则，明确了载人潜水器海上试验50米、300米、1000米、3000米、5000米水深，直至7000米水深的分阶段实施路线。

在张艾群研究员的带领下，控制系统团队王晓辉、郭威、崔胜国、祝普强、刘开周等共19人次参加了各个深度级别的海上试验，一方面要对控制系统进行保障，另一方面还要对控制系统在不同深度下的航行控制、设备控制、导航定位、综合显控、应急控制等分系统的功能和性能指标进行现场验证。海上试验期间，张艾群为现场指挥部成员、安全总监，王晓辉为控制部门长，郭威为水面监控部门长，刘开周为试航员，祝普强负责潜水器反馈信号监视，崔胜国负责软件技术保障。团队成员虚心学习船舶驾驶、海事气象等有关专业知识，以严肃认真的态度、严谨求实的作风、实事求是的精神，在时间紧、难度大、任务重的情况下，出色地完成了与控制系统相关的技术改进和试验保障任务。

2009年8月6日，向阳红09试验母船搭载着载人潜水器和96名参试人员，承载着祖国和人民的重托奔赴南海。沈阳自动化所控制系统的5项内容均满足海上试验大纲规定的技术指标，经过两个多月的奋战，海上试验队员们严格贯彻"精心组织、安全第一、层层把关、责任到人"的要求，与烈日抗争，与台风周旋，与时间赛跑，连续昼夜奋战，于2009年10月19日圆满完成1000米海上试验任务，并胜利返航江阴。1000米级海试最大下潜深度达到1109米，全面验证和考核了载人潜水器的设计功能和主要技术指标，锻炼了队伍、积累了经验，为载人潜水器更大深度的试验和实际使用打好了基础。

2009年10月至2010年5月中旬，根据1000米级海上试验取得的经验和认识，各参试单位全面完成了对7000米载人潜水器的8项技术改进。同时，科技部社会发展科技司决定将

图6-3 "蛟龙"号载人潜水器
（刘开周提供）

起初的"和谐"号更名为"蛟龙"号（图6-3）。

2010年5月31日，向阳红09试验母船从江阴启航，开始执行3000米级海上试验任务，于7月19日胜利返回江阴。其间，"蛟龙"号共完成了17次下潜，其中4次突破3000米，最大下潜深度达到3759米，同时完成了两名受训潜航员的水下实操培训。控制系统更换高度计后的自动定高等各项内容，满足了海上试验大纲规定的技术指标。在试验过程中，"蛟龙"号多次刷新载人深潜深度纪录，并完成了水下长距离巡航、近底目标搜索、标志物布放、插国旗、深海水样获取、照相、摄像、图文传输、语音通信等一系列工作，完成真正意义上的海底作业任务，初步具备了深海环境下的作业能力，充分考核了潜水器的功能和性能，提前、圆满、超额完成了预定试验计划。8月16日，科技部和国家海洋局在北京联合召开新闻发布会，正式对外宣布了我国"蛟龙"号载人潜水器3000米海上试验成功的消息。

2011年，海上试验的目标深度是5000米，同时海上试验任务与实际应用相结合是此次试验的重要特点。为此，试验海区选择在位于东太平洋的多金属结核勘探合同区，并纳入中国大洋航次系列管理。7月1日至8月18日，国内13家单位完成了"蛟龙"号载人潜水器5000米级海上试验（中国大洋第25航次）任务。其间，在5000米海区共完成5次下潜，5次穿越4000米深度，4次穿越5000米深度，创造了最大下潜5188米的中国载人深潜新纪

录,实现了较长时间海底照相和摄像、沉积物和矿物取样、生物和微生物取样、布放标志物、海底地形地貌测量等作业,验证了"蛟龙"号的功能和性能,锻炼了海上试验队伍,为下一步7000米设计深度的海上试验奠定了坚实的基础,同时为履行国际海底勘探合同的义务提供了有效数据和资料,为我国日后开展海洋科学研究和勘查应用积累了宝贵经验。

2012年6月3日至7月16日,国内18家单位圆满完成了7000米级海上试验任务。该次试验的最大特点是其试验海区位于密克罗尼西亚专属经济区的马里亚纳海沟,"蛟龙"号的所有部件将要经受最大设计深度的考验,同时全体参试队员需要按照联合国海洋法公约的要求在他国专属经济区海域开展工作。"蛟龙"号7000米级海试共完成6次下潜,下潜深度分别为6671米、6965米、6963米、7020米、7062米和7035米,每次下潜都按预定计划和任务有效开展。此次海上试验,沈阳自动化所有张艾群、郭威、祝普强等4人参加,主要负责验证载人潜水器控制系统7000米设计深度下的航行控制、设备控制、导航定位、综合显控、应急控制等分系统的功能和性能指标。

2012年6月24日,刘开周与其他两位试航员共同见证了我国载人深潜史上首次突破7000米的伟大历史时刻,并在7000米的海底向远在外太空的"神舟九号"航天员发送了祝福。试验对潜水器本体系统、水面支持及母船系统共313项功能、性能、指标和作业内容进行了逐一验证,对一些关键项目进行了多次试验和验证。试验还取得了丰富的海底科学作业成果,包括海底沉积物样品、生物样品、地质样品和深海水样,以及大量海底影像资料和海底微地形地貌资料等。在海上试验中,通过广大参研参试队伍的实际行动,弘扬和凝练了"严谨求实、团结协作、拼搏奉献、勇攀高峰"的中国载人深潜精神。试验团队安全、圆满、超额完成了"蛟龙"号7000米级海上试验的全部试验内容,实现了全部预定目标!

➤ 6.4.4 遨游深海 硕果累累

2013年起,"蛟龙"号载人潜水器转入试验性应用阶段。沈阳自动化所先后派郭威、刘开周、祝普强、赵洋、崔胜国、何震、孔范东、杨鸣宇、赵兵、冀萌凡、陶祎春、王海龙、田启岩等20余人次，全航次参加"蛟龙"号试验性应用航次和中国大洋第35、第37、第38航次试验，圆满完成对"蛟龙"号控制系统的保障任务。

"蛟龙"号先后在我国南海、东太平洋多金属结核勘探区、西太平洋海山结壳勘探区、西南印度洋中脊多金属硫化物勘探区、西北印度洋中脊多金属硫化物调查区、西太平洋雅浦海沟区、西太平洋马里亚纳海沟区等7大海区下潜，涵盖了海山、冷泉、热液、洋中脊、海沟、海盆等典型海底地形区域，安全率实现100%，主要为国家海洋局深海资源勘探计划、环境调查计划、"973计划"、中国科学院深海先导计划、国家自然科学基金委南海深部计划5大计划提供技术和装备支撑。2014年7月，为"蛟龙"号量身定制的专用微型ROV"龙珠"号，成功搭载"蛟龙"号在西北太平洋开展水下作业，取得了"蛟龙"号水下作业的珍贵影像资料，拓展了其作业能力。

在仅有600米载人深潜技术的基础上，国内100多家单位通过连续十余年的基础研究、技术攻关，解决了大深度耐压、深海复杂环境下精细作业技术、安全技术、可靠水声通信技术等世界性难题，成功研发了具有自主知识产权的"蛟龙"号载人潜水器，实现了我国载人深潜技术由跟跑、并跑向领跑的重大跨越。

沈阳自动化所"蛟龙"号控制系统研制团队针对在深海环境下基于声学定位数据更新率低、惯性测量单元数据发散、信号滞后等难题，攻克了潜水器状态和参数联合估计技术，研发了"蛟龙"号自主导航软件系统。针对"蛟龙"号结合精细作业需求的运动模式多样、深海复杂地形及流场环境下精准操控的需求，研发了控制参数在线自动调整的航行控制方法，实现了"蛟龙"号近底自动定向、定深/定高和悬停定位等精准操控功能，其中针对作业目标精确的悬停定位功能，为国际同类大深度载人潜水器的首创。

自海上试验以来，"蛟龙"号共成功下潜158次，17个潜次作业水深超过6000米，实现了连续大深度安全下潜。国家海洋局、教育部、中国科学院、中国船舶重工集团公司等多个部委近40家单位参与其中，470余人参与下潜，超过1000人参航，总计历时517天，总航程8.6万余海里，实现了100%安全下潜。

"蛟龙"号在科学考察中获得了各种各样的海底样品，摄录了大量影像资料，取得了许多国际前沿科研成果。"蛟龙"号的研制和应用，开辟了我国深渊科学研究的新领域，建立了全国开放共享的机制，标志着中国深海载人科研和资源勘探能力达到国际先进水平，对我国深海技术装备的发展产生了巨大的辐射带动作用和社会效益，为人类探索海洋、研究海洋、保护海洋做出了突出贡献。

"蛟龙"号控制系统团队获得了包括"载人深潜英雄集体"、"载人深潜英雄"、全国专业技术人才先进集体、全国五一劳动奖状、全国五一劳动奖章、中国青年五四奖章集体和国家科学技术进步奖一等奖等诸多荣誉和奖励。

"蛟龙"号控制系统研制任务由科技部下达，国家海洋局作为海试组织部门，中国大洋协会具体负责实施。"蛟龙"号之所以能够取得圆满成功，与全体参研参试单位以及各级领导、专家、同事和参试队员们的鼎力支持和团结协作密不可分，对此我们将永远铭记！

6.5 "海人"精神与北极科考 ①

沈阳自动化所的"海人"在进军深海大洋的同时，也开始了对极地的探索。我们作为中国北极科学考察队中的一员，先后参加了我国第三、第四、第六次对北极的科学考察，在工作中努力践行和发扬沈阳自动化所的"海人"精神，不辱使命、不负重托。

---

① 该部分原题为《北极科学考察往事》，已收入《从三好街到南塔街——沈阳自动化研究所60周年纪念文集》(辽宁科学技术出版社，2018年)，收入本书时有改动，为叙述和行文方便，仍采用第一人称。原作者李硕，1992年7月至今在沈阳自动化所工作，研究员。曾俊宝，2009年7月至今在沈阳自动化所工作，研究员。

➤ 6.5.1　北极科考机器人

　　北极通常是指北纬66°34′以北的北极圈地区，主要包括北冰洋和周边的陆地和岛屿，总面积约为2100万平方千米。北极一直是人类向往的地区之一，不仅仅是因为那寒冷和迷人的冰雪世界，更重要的是北极地区资源丰富，战略地位重要。

　　随着全球气候的不断变化，北极海冰的变化对我国气候的影响越来越受到人们的关注。从1999年开始，我国成功组织了多次对北极的科学考察。沈阳自动化所从2003年第二次北极科考就开始参与其中，之后在2008年、2010年和2014年又分别参加了我国第三、第四、第六次北极科考，主要通过水下机器人所携带的仪器设备从冰下对北极海洋环境进行观测。

　　2003年参加第二次北极科考的"海极"号遥控水下机器人（图6-4），是我国第一台在极地科考中应用的水下机器人。沈阳自动化所李智刚和高云

图6-4　"海极"号遥控水下机器人参加第二次北极科考

龙操控"海极"号分别在楚科奇海、楚科奇海台等完成了8次冰下作业,完成了对冰厚和海冰底形态的连续观测及温盐深的连续测量。使我国科学家首次看到了北冰洋冰下连续的视频影像,为水下机器人在极地科考中的应用迈出了难能可贵的第一步,进一步拓展了水下机器人的应用领域。

为了获取更为清晰的冰下图像,获取更高价值的科考数据,更好地发挥水下机器人的作用,在国家"863计划"的支持下,沈阳自动化所面向北极科考海冰连续观测的需求,在前期工作的基础上,联合中国极地中心和中国海洋大学开始研制"北极ARV"(图6-5),它自带能源,利用光纤通信技术,将自主水下机器人(AUV)和遥控水下机器人(ROV)的技术有机结合,在一个载体上实现了两种水下机器人的功能。它可以在冰下大范围内根据使命程序自主航行,当科学家发现感兴趣的东西后,它又可以中断使命程序,进行遥控定点开展精细调查,这样既提高了AUV获取数据的实时性,又扩展了ROV的作业半径,可实时获取大范围、含有精确位置信息的多参数协同观测数据。

2008年7月,经过前期紧张的准备,李硕和崔胜国携带"北极ARV"参加了我国第三次北极科考。在北纬84.6°建立的长期冰站上,依托"中山"艇,从冰边缘布放"北极ARV"进入海冰,开展冰下试验应用。通过"北极ARV"携带的多种测量设备,获取了冰底形态、海冰厚度等多种科学观测数据,并首次获取了相对海冰精确位置信息的观测数据。

这对于北极科考来说是一项突破。在高纬度地区,传统的磁质导航设备无法正常工作。此外,传统水下机器人是对相对静止的海底进行观测,然而北极的海

图6-5 "北极ARV"

冰是不断漂移和旋转运动着的。因此，通过相对于海冰的高精度自主导航技术，获取含有冰下位置信息的观测数据，更有利于科学家分析观测数据。

在第三次北极科考成功应用后，"北极ARV"引起了科学家的广泛兴趣。2010年3月，我国著名北极研究专家赵进平教授专程来所里讨论使用"北极ARV"在冰下进行海冰光学与水文调查等事宜，以期得到常规科考手段无法获取的科考数据，来研究北极海冰快速变化与太阳辐射之间的关系。此项工作还得到了国家海洋局极地办公室的支持，确定由李硕和曾俊宝同志携带"北极ARV"参加我国第四次北极科学考察。

围绕冰下光学连续观测目标，课题组启动了"北极ARV"的升级改造工作，并明确了"北极ARV"的工作方式及布放回收方案——在长期冰站上开凿一个冰洞来布放与回收载体。为此，课题组研究制订了多种冰下观测轨迹，如梳状、射线和同心圆等曲线来进行大范围连续观测。从冰洞口布放回收，在冰下稳定航行，这对载体的机动性和可靠性提出了更高的要求，为此，课题组对推进系统、光纤系统、水面控制台等进行了适应性改造，同时准备了冰上作业工具，包括四角吊架以及开凿冰洞的工具。经过两个月左右的升级改造，2010年6月，"北极ARV"在沈阳棋盘山进行了湖上试验，对北极作业中可能使用的多种航行轨迹进行了较充分的模拟。

2010年7月，经过前期改造和湖上试验，"北极ARV"搭乘"雪龙"船从厦门出发前往北极，整个科考航次历时近3个月。在北纬87°附近的长期冰站上，我们首次从人工开凿的冰洞释放载体开展冰下调查，在冰下多次进行不同断面的连续重复观测，获取了大量基于海冰位置信息的关键科学数据，成功实现了冰下多种测量设备的同步观测，再次刷新了我国水下机器人高纬度作业纪录。

经过第四次北极科考，为了减少现场开凿冰洞的工作量，课题组下决心再次改造"北极ARV"，进一步减少载体尺寸，以便能节省现场开凿冰洞的时间，还安装了电动"葫芦"，便于载体布放回收。2014年，曾俊宝带着改造后的"北极ARV"参加了第六次北极科考，同样取得了圆满成功，实现了大范围内的自主与遥控协同观测。"北极ARV"连续的应用成功，为我国北极科考提供了一种大范围、连续、实时的观测技术手段。

➢ 6.5.2 在北极开凿冰洞

在北极科考中发生过很多故事，在第三次北极科考中布放法国水下滑翔机、"北极熊不期而遇"以及防熊工作等，第四次北极科考中的现场试验、打冰芯以及"冰上烧烤"等，都给我们留下了深刻而美好的记忆，但在北极现场开凿冰洞一直是我们至今最难忘的经历。

2010年7月，从国内出发大概10天就到达了此航次的第一个作业点——白令海。由于"北极ARV"按计划中仅在长期冰站作业，所以在到达长期冰站前，李硕和曾俊宝两人被分配到水文调查组值班，按时进行船上CTD测量与采水作业。李硕负责操作CTD绞车，根据实时回传的数据，选择在不同的深度上进行采水作业。曾俊宝负责甲板作业，保障CTD等设备布放和回收的安全。在这期间，还要定期对"北极ARV"进行必要的日常维护和检测，毕竟北极科考机会难得，我们也想让它以最好的状态面对接下来的冰上作业。"北极ARV"停放在船底层大舱内，船在航行期间，实验室大门不开，我们只能爬十多米的旋梯上去下来。如果要取东西，还得用十几米的绳子把东西吊上吊下。

8月2日，"雪龙"船在进入冰区后，科考队选定了第一个短期冰站开展科考作业。为了更好地准备"北极ARV"冰上试验，我们利用难得的机会对"北极ARV"导航所需的冰面测向仪进行了测试，结果表明，测向仪能够很好地跟踪海冰的位置和旋转方向。在接下来的几个短期冰站上，我们又对出发前就准备好的开凿冰洞所需的油锯、冰钎等进行了现场测试。在此期间，我们还学习使用冰钻来进行冰芯采样。由于操作熟练和大家的信任，我们采集了此次科考中一多半的冰芯样品。

8月7日，科考队通过分析国内海洋预报中心传回的北极卫星图片和现场直升机观测的情况，最终在北纬87°附近选定此次科考的长期冰站，距离北极点仅两百多千米，该冰站实际上是一块面积很大的海冰，船要锚泊在冰面上。考虑到作业安全和后勤保障便利，我们选择将"雪龙"船左侧靠尾部区域作为"北极 ARV"的作业区，把自带的集装箱作为作业控制间。集装箱内部经过特殊处理，加装有保温层，可少许抵御北极的严寒。考虑到 ARV 前期作业环境搭建任务较重，科考队还给我们分配了来自国家海洋局第一研究所（简称海洋一所）的两名科考队员。

8月8日一早，科考队员就开始从"雪龙"船上往下搬运科考设备，我们也将前期开凿冰洞所需的设备拿到了冰面上。考虑到后期需要将集装箱吊放到开凿的冰洞周围，而船上吊车的吊臂有限，所以我们选择开凿冰洞的位置在距离"雪龙"船左舷50米的冰面上，经过测量该区域冰厚在1.8米左右。在凿冰设备全部就位后，下午便开始了布放 ARV 冰洞的开凿工作。根据 ARV 自身尺寸大小，和从冰洞布放回收的需要，我们确定要开凿一个长2米、宽1.2米的冰洞。在1.8米厚的海冰上，开凿这样大小的一个冰洞，任务量之大远远超出了我们的想象，为此，我人生中第一次品味了从绝望到成功的喜悦。

一开始，我们进展得还算顺利，先用油锯将开凿区域的海冰锯成窄条，又用冰钎子将锯开的冰捅下来，最后用铁锹将碎冰铲出，我们开凿的洞口十分标准和"美观"。在我们还没来得及享受喜悦的时候，可怕的事情发生了。当冰洞挖到20厘米处，下面的海水开始往上渗。北极海冰与一般的河冰或湖冰不同，由很多冰粒粘在一起，海水可由冰粒之间的缝隙渗出，所以当油锯工作时，海水会随着锯链往上飞，这给挖洞带来了很大的麻烦，很快海水面就弥漫整个洞口，以致我们完全要在水中作业。到下午五点作业结束时，冰洞只挖了40厘米。晚上回来后，我们商定要在第二天改变开凿冰洞的策略，从水平作业改成垂直作业，先用冰钻在开凿区域钻洞，再用锯将钻好的冰洞锯开连起来，最后用吊架将整块冰吊起。由于挖了一下午冰洞，消耗了很大体力，李硕很早就睡觉了，也没有吃晚饭，丝毫没有科考队员上冰后的那种幸福感。

8月9日一早，我们就开始作业，由于海洋一所的人员需要布放自己的设备，所以一上午开凿冰洞的工作就剩两人了。我们按照前一晚的凿冰计划，先用冰芯钻在昨天的开凿区钻了6个直径10厘米的小冰洞，然后再用冰锯锯冰。手动锯冰实在是个工作量很大的活儿，由于只能单侧用力，锯冰效率很低，而且经常会锯偏，进展很不顺利。整整一个上午，几乎没有休息，我们已经疲惫不堪，几乎在绝望中结束了上午的工作。下午，我们借来了直径25厘米的冰钻，开始在开凿区域钻更多的冰洞。刚开始还好，冰洞打多了，反而不好弄了，很难开凿成型的冰洞。直到下午5点作业结束，此时我们也累得动不了了。夏季的北极属于极昼天气，晚上结束时，天仍然是亮的。在冰上作业，要有防熊队员进行保护，虽然我们很着急，想连夜工作，但诉求很难满足。防熊队员在冰上守卫也很辛苦，我们深知其中的辛苦，自然不敢再请防熊队员下船。再者，船上也不允许这样做。

8月10日，已经是在长期冰站的第三天，别人的工作已经开展了，我们的冰洞还没有挖好，更谈不上开展冰下探测了。于是，一早就相互鼓励：我们有预感，今天开凿冰洞应该能成功！在前两天的基础上，我们将钻得"千疮百孔"的冰洞逐一用冰钎捅下来，最后索性在冰洞搭起了木板，李硕站在木板上，用厚重的木板狠狠地冲击海冰中的海冰。当看到几块体积较大的冰块被捅下来时，大家都兴奋地尖叫了起来。我们终于在上午的工作结束时，将整个ARV布放回收的冰洞开凿完毕。其实将那么大块的海冰从洞口挪出来，也不是一件容易的事，但和开凿冰洞比起来，已经是微不足道了。下午，我们在开凿出的冰洞周围搭建了四角架等机器人作业所需的设施，终于具备开始作业的条件了。

8月11日，在长期冰站的第四天，终于可以开始干活了，我们的精神高度紧张以至于已经忘记了昨日的疲惫。一大早我们就将作为ARV操作间的集装箱从"雪龙"船船舱内吊放至冰面上，距离冰洞10米左右，这样的冰上布局也方便了设备的用电，集装箱内的电可以直接从"雪龙"船上引下来，从而避免由发电机供电。装载ARV的移动小车可以在集装箱与冰洞间由木块组成的滑道上滑动。当ARV由四角架上的吊架吊起时，我们把冰洞上方的木块撤离，由吊架上的手动"葫芦"完成ARV从冰洞的下放。我们也按照之前的计算结果对ARV在北极海水中进行了配平，使得其在海水中呈微负浮力，避免其在航行过程中与海冰底部的剐蹭。

接下来的几天，我们开始了在长期冰站上ARV的作业，按照前期在湖上试验的使命轨迹对冰洞周围的海冰进行了连续多次的重复观测。通过ARV上搭载的温盐深测量仪、仰视声呐、冰下光学测量仪和两台水下摄像机，我们获取了大量海冰厚度、冰下光学和海冰底部形态等多项关键的科学数据，成功实现了冰下多种测量设备的同步观测，为深入研究北极快速变化机理奠定了技术基础。在作业过程中，我们也得到了科考队领导的认可，科考队领队吴军和首席科学家余兴光都前往ARV作业区查看现场作业，并慰问了ARV作业组的科考队员。在ARV作业组圆满完成任务后，大家都格外兴奋，一起拍照留念，纪念这在长期冰站上一起奋战的难忘日子。

开凿冰洞两天的经历，是我们一生中最宝贵的财富，使我们懂得了在绝望下永不放弃的内涵。此时此刻，尽管我们再也无法身临其境地感受当初的场景，但这段经历一直激励我们永远向前。在此，衷心地感谢在科考中给予我们无私帮助的科考队员和"雪龙"船员，没有他们的帮助，我们无法顺利完成科考任务，也无法品尝胜利的滋味！

附 录

1　沈阳自动化所水下机器人大事记

沈阳自动化所水下机器人学科经过40多年的发展，曾出现过许多具有重要作用和意义的人物、事件以及科研（获奖）成果等，择其要者编为大事记，收入的标准主要包括以下几点。

（1）具有标志性、转折性的人物或事件。

（2）具有代表性的重要科研成果，如国内或国际首创、荣获国家和中国科学院等的重要奖项。

（3）具有时间节点意义的规划、会议、机构演变以及试验等。

（4）同一事件（成果）的出现一般不超过两次，同一年的"大事记"不超过3项。

（5）其他有必要收录的内容。

1958年8月30日　中共辽宁省委原子能科学研究领导小组第一次会议决定，围绕原子能事业建立辽宁电子技术研究所，包括自动化等四个专业。

1960年7月24日　以辽宁电子技术研究所自动化专业为基础，建立中国科学院辽宁分院自动化研究所。

1962年10月15日　中国科学院辽宁分院自动化研究所更名为中国科学院东北工业自动化研究所。

1972年8月15日　中国科学院东北工业自动化研究所更名为中国科学院沈阳自动化研究所。

同年10月　沈阳自动化所向中国科学院提出"开展人造智力系统的探索"。

1973年12月　沈阳自动化所在《1974—1980年科研规划》中首次使用"机器

人"一词，并将"智力机应用于海底开采的探索研究"作为"待定"任务。

1977 年 8 月　沈阳自动化所《1978—1985 年科研发展规划》在拟重点研究的 8 个项目中，包括"海底用自动机械的研制""海底定位与姿态控制"两项题目。

1979 年 10 月 26 日　沈阳自动化所与长春光机所联合调查组向中国科学院提交《我国需要研制海洋机器人》报告，明确提出"海洋机器人"一词。

同年 12 月 7 日至 10 日　中国科学院三局在沈阳组织召开"海洋机器人"计划座谈会，有 10 家单位 30 名代表参加，会议决定成立总体组，并在 1980 年组织全国性的课题调研。

1980 年 4 月初至 5 月中旬　由蒋新松带队组成的沈阳自动化所、长春光机所、青岛海洋所、南海海洋所联合调研组一行 11 人，对 20 多家涉海单位开展大规模调研。

同年 6 月 12 日至 14 日　中国科学院在沈阳召开"海洋机器人总体调研总结和工作讨论会"，16 日会议以密件形式向院报送《海洋机器人调研汇报和工作讨论会简报》。

同年 7 月 10 日　蒋新松被任命为沈阳自动化所首任所长。

1981 年 10 月 16 日　首次招收硕士研究生 7 名。

1981 年 11 月 5 日至 7 日　中国科学院技术科学部在沈阳友谊宾馆召开包括李薰等 6 位学部委员、共计 38 位代表参加的"海洋机器人研究课题评议会"，一致同意立项并根据李薰先生的建议，将题目确定为"智能机器在海洋中的应用"。

1982 年 8 月 25 日至 28 日　在杭州莫干山举办"无人有缆可潜器方案评议会"，认为"沈阳自动化所预见到这种发展趋势，及时提出该项研究课题，并主动与上海交大等单位合作，适应了国家的需要"。当月通过专家评审，"智能机器在海洋中的应用（'HR-01'试验样机）"被列为中国科学院重点课题（编号：800508）。

1984 年 10 月 11 日　国家计划委员会批准建设机器人示范工程。

同年 12 月　由沈阳自动化所科技情报室组织翻译的国内第一部水下机器人领域的专著《水下机器人》(海洋出版社)一书正式出版。

1985 年 12 月 12 日　我国第一台水下(海洋)机器人"海人一号"(HR-01)在大连首航试验成功。

1986 年 9 月 30 日　"海人一号"在南海试验,成功下潜 199 米,各项指标达到设计要求。

1987 年 2 月 21 日　蒋新松被聘为"863 计划"自动化领域首席科学家。

同年 8 月　"海人一号"试验样机通过中国科学院主持的技术鉴定。

1990 年　"水下机器人专题情报服务"获中国科学院科技进步奖二等奖。

1990 年 8 月 31 日　机器人示范工程通过国家验收,正式定名为中国科学院沈阳机器人工程研究开发中心。

1990 年 9 月 14 日　交通部烟台救捞局发来贺电,祝贺"RECON-Ⅳ-300-SIA-03"中型水下机器人在渤海探测日本"MAYA8 号"沉船取得成功。24 日,"RECON-Ⅳ-300-SIA-02"产品出口美国。

1991 年 10 月 30 日　"RECON-Ⅳ-300-SIA-Ⅹ中型水下机器人产品开发"获中国科学院科技进步奖一等奖,并于次年获国家科学技术进步奖二等奖。"水下机器人高级语言的开发"获中国科学院科技进步奖三等奖。

1991 年 12 月 30 日　"海潜一号"水下机器人被列为 1991 年中国十大科技新闻之一。

1992 年　"水下智能导航试验系统"获中国科学院科技进步奖二等奖。

1992 年 7 月 20 日　蒋新松率领"863 计划"项目 6000 米水下机器人合作代表团访问俄罗斯。

1993 年 2 月 19 日　国家科学技术委员会召开"863 计划"表彰奖励大会,无缆水下机器人项目组获优秀集体称号。

同年 11 月 13 日　国家计划委员会批复组建机器人技术国家工程研究中心。

1994 年 6 月 3 日　蒋新松当选为中国工程院首批院士。

同年 10 月 28 日　"探索者"号无缆自治水下机器人海潜 1000 米试验成功并通过验收。

1995 年 8 月 17 日　"CR-01"自治水下机器人在太平洋进行深海试验成功。

同年 10 月 30 日　"探索者"号无缆自治水下机器人获中国科学院科技进步奖一等奖。

1996 年 4 月 1 日　"1000 米和 6000 米自治水下机器人"等装备亮相"863 计划"10 周年成果展。

1997 年 7 月 30 日　"CR-01"自治水下机器人再赴太平洋对海底地貌和多金属结核进行探查，圆满完成任务。并于 12 月 30 日获中国科学院科技进步奖特等奖。

1998 年 1 月 5 日　"CR-01"自治水下机器人被评为 1997 年中国十大科技进展之一。

同年 3 月 4 日　中共中央组织部等五部委联合发文，号召全国科技工作者向蒋新松同志学习。

同年 12 月 30 日　"无缆水下机器人的研究开发和应用"获国家科学技术进步奖一等奖。

1999 年 1 月 8 日　封锡盛作为获奖项目代表出席国家科技奖励大会，受到江泽民等党和国家领导人接见。

同年 10 月 20 日　封锡盛当选中国工程院院士。

2000 年 6 月 26 日　沈阳自动化所与意大利 SONSUB 公司达成"自走式海缆埋设机"合作协议。

同年 11 月　蒋新松、封锡盛、王棣棠编著的中国首部水下机器人学科专业著作《水下机器人》一书，由辽宁科学技术出版社出版。

2001 年 12 月 30 日 "自走式海缆埋设机"关键技术和水下载体部分研制通过国家验收。

2002 年 6 月 30 日 "水下无人作业平台"被列为中国科学院方向性项目。

2003 年 7 月 "海极"号执行中国第二次北极科学考察任务。

2006 年 5 月 长航程自主水下机器人研制成功。

2008 年 "水下××平台关键与集成技术研究"获国家科学技术进步奖（专项）二等奖。

同年 9 月 "北极 ARV"完成中国第三次北极科学考察。

2011 年 6 月 水下机器人研究室党支部获评"中国科学院先进基层党组织"。

同年 7 月 28 日 "蛟龙"号载人潜水器 5000 米级海试获得成功。

2012 年 6 月 水下机器人研究室党支部获评辽宁省"创先争优先进基层党组织"。

同年 9 月 中共中央、国务院授予刘开周等"载人深潜英雄"荣誉称号。

同年 12 月 31 日 "'蛟龙号'载人潜水器控制与声学系统研究集体"获中国科学院杰出科技成就奖。

2013 年 原水下机器人技术研究室划分为海洋技术装备研究室和自主水下机器人技术研究室。

2014 年 4 月 28 日 张艾群、王晓辉荣获全国五一劳动奖章，沈阳自动化所"蛟龙"号控制项目组荣获"全国工人先锋号"荣誉称号。

同年 12 月 31 日 依托沈阳自动化所，"中国科学院机器人与智能制造创新研究院"获批筹建。

2015 年 1 月 "长航程自主水下机器人研究集体"获中国科学院杰出科技成就奖。

同年 5 月 自主水下机器人研究室党支部被评为 2014 年度辽宁省直机关"创新型"先进党支部。

同年 10 月　沈阳自动化所水下机器人参加中央电视台"重塑甲午魂"水下考古直播活动。

2016 年 8 月 30 日　中国科学院重点项目"212 工程"顺利通过验收。

同年　"海斗"号获评两院院士评选的"中国十大科技进展之一"。

2017 年 1 月　"海洋机器人创新研究团队"获中国科学院"十二五"突出贡献团队表彰。

同年　沈阳自动化所成立海洋机器人卓越创新中心。

同年 12 月 6 日　沈阳自动化所作为主要参研单位的"蛟龙号载人潜水器研发与应用"获国家科学技术进步奖一等奖。31 日,"海翼"水下滑翔机"入选"习近平总书记 2018 年新年贺词,并获评 2017 年中国十大科技进展新闻之一。

2018 年 6 月　首次空海一体化立体协同观测联合试验在大连举行。

同年 10 月　"海星 6000"首次科考应用圆满完成,最大工作深度 6001 米,创造我国 ROV 最大潜深纪录。

2019 年 2 月 26 日　"海翼"水下滑翔机获辽宁省技术发明一等奖,次年研究集体荣获 2019 年度中国科学院杰出科技成就奖。

同年 5 月　我国首套出口深海机械手完成现场验收。

同年 7 月　广东智能无人系统研究院成立。

2020 年 6 月　"海斗一号"全海深潜水器完成万米海试,最大下潜深度 10 907 米,刷新了我国潜水器最大下潜深度纪录。

同年 7 月　水下机器人研究室党总支部获"中共中国科学院先进基层党组织"称号。

同年 11 月 10 日　沈阳自动化所作为主要参研单位的"奋斗者"号载人潜水器成功下潜 10 909 米,刷新中国载人深潜新纪录。

2 水下机器人学科毕业研究生及论文题目

沈阳自动化所自1981年获批授权招收模式识别与智能控制、自动控制理论及应用专业硕士培养单位以来，现已设有机械制造及其自动化、机械电子工程、控制理论与控制工程、检测技术与自动化装置和模式识别与智能系统5个专业的博士培养点，以及机械制造及其自动化、机械电子工程、控制理论与控制工程、检测技术与自动化装置、模式识别与智能系统、计算机应用技术、机械和电子信息8个专业的硕士培养点。

40年来，沈阳自动化所现已毕业的硕士、博士研究生近1600人，其中水下机器人学科方向毕业的研究生就有近200名，为中国水下机器人学科发展和壮大培养了许多优秀的专业人才，可谓桃李满天下。这些毕业生部分留所工作，而大部分人走向全国各地的大学、专业研究机构或企业，为传播和弘扬"海人"精神薪火相传、添砖加瓦。

附表2-1是硕士毕业生和指导教师名录及毕业论文题目。附表2-2是博士毕业生和指导教师名录及毕业论文题目。

附表 2-1 硕士毕业生和指导教师名录及毕业论文题目

序号	学位论文题名	作者	第一导师	第二导师	答辩年度	学位
1	水下机器人动态定位系统的研究	安宏声	蒋新松		1988	硕士
2	自治式水下机器人导航与控制若干问题研究	陈 斌	蒋新松		1992	硕士
3	海洋机器人视觉导航研究	张凤爽	徐心平		1994	硕士
4	步行机——操作手复合体运动学分析	孙 斌	王泰耀		1994	硕士
5	无缆水下机器人的建模，仿真与控制	赵 亮	蒋新松	封锡盛	1995	硕士
6	AUV水下回收研究	蔺 鹏	封锡盛		1998	硕士
7	海底爬行式机器人的控制问题研究	王 勇	封锡盛		1999	硕士
8	预编程自治水下机器人控制问题研究	李 硕	封锡盛		1999	硕士

序号	学位论文题名	作者	第一导师	第二导师	答辩年度	学位
9	复杂地形环境下的自治水下机器人控制问题研究	路 遥	封锡盛		2000	硕士
10	水面救助机器人控制与通信的设计与研究	李全睿	宗润福		2000	硕士
11	神经网络在水下机器人控制中的应用研究	叶志超	封锡盛		2001	硕士
12	监控式水下机械手及相关技术的研究	马化一	张艾群		2001	硕士
13	自治水下机器人控制方法研究及滑模模糊控制的应用研究	陈洪海	李一平		2002	硕士
14	水下爬行攻泥机构建模仿真与结构设计方法研究	王建新	林 扬		2002	硕士
15	六功能水下机械手的变结构控制方法和应用研究	李慧勇	张竺英		2002	硕士
16	水下机器人实验平台控制系统研究与软件设计	黄俊峰	李一平		2003	硕士
17	水下机器人载体结构的优化设计	于延凯	林 扬		2003	硕士
18	燃料电池监控技术和RS485网络在水下机器人的应用	滕宇浩	刘 健		2003	硕士
19	水下机器人通用控制系统软件研究	徐竟青	张竺英		2003	硕士
20	水下机器人外部通信系统通信方法研究	袁 实	李一平		2004	硕士
21	投送AUV抛载过程仿真研究与操纵面优化设计	康 涛	林 扬		2004	硕士
22	水下机器人内部通讯系统研究与设计	黄时伶	刘 健		2004	硕士
23	水下机器人视觉伺服控制方法研究	汤士华	李一平		2005	硕士
24	AUV组合导航定位方法的研究	冯子龙	刘 健		2005	硕士
25	载人潜水器航行与姿态控制方法研究	杨凌轩	王晓辉		2005	硕士
26	水下机器人光纤微缆收放系统的研究	肖星华	张竺英		2005	硕士
27	一种AUV收放装置的研究与设计	裴宏广	郑 荣		2005	硕士
28	水下滑翔机器人控制系统设计与控制算法研究	毕道明	王晓辉		2006	硕士
29	浮力调节系统在远程AUV上的应用研究	常海龙	郑 荣		2006	硕士
30	用于援潜救生作业的供排气管对接技术研究	方学红	张竺英		2007	硕士
31	AUV系统辨识与广义预测控制研究	孙东江	李 硕		2007	硕士

续表

序号	学位论文题名	作者	第一导师	第二导师	答辩年度	学位
32	ROV推进系统故障检测及容错控制研究	刘大勇	李智刚		2007	硕士
33	远程AUV航行控制算法的应用研究	田　甜	刘　健		2007	硕士
34	水下七功能机械手摆动液压缸的研究	金　忠	张　将		2007	硕士
35	GPS天线球在AUV上的拖曳运动分析	张勇武	郑　荣		2007	硕士
36	北极冰下自主/遥控机器人控制系统设计与实现	景　晨	李　硕		2008	硕士
37	多水下机器人的队形控制方法研究	侯瑞丽	李一平		2008	硕士
38	轮桨腿一体化两栖机器人控制系统研究与设计	宋吉来	李智刚		2008	硕士
39	AUV海底热液喷口探测方法研究	石　凯	刘　健		2008	硕士
40	四功能水下电动机械手设计与控制研究	林　江	张竺英		2008	硕士
41	长航程水下机器人减振降噪研究	于秋礼	郑　荣		2008	硕士
42	两栖机器人控制系统研究与实现	余元林	郭　威		2009	硕士
43	北极冰下自主/遥控水下机器人导航与轨迹跟踪研究	曾俊宝	李　硕		2009	硕士
44	基于水声通信的多UUV系统网络协议研究	高　勇	李一平		2009	硕士
45	深海微型ROV耐压控制系统研究与实现	袁宗轩	李智刚		2009	硕士
46	探测型AUV航行技术研究	夏庆锋	刘　健		2009	硕士
47	两栖机器人轮桨腿驱动装置研究	张雪强	张艾群	俞建成	2009	硕士
48	两栖机器人足板驱动装置研究	马秀云	张竺英	俞建成	2009	硕士
49	有缆水下机器人主动升沉补偿系统的控制研究	魏素芬	张竺英		2009	硕士
50	深海ROV铠缆绞车及主动升沉补偿装置设计研究	陈育喜	张竺英		2009	硕士
51	自治水下机器人搭载释放技术研究	肖正懿	郑　荣		2009	硕士
52	水下机器人用一体化推进器驱动系统研究	王明明	郭　威		2010	硕士
53	基于旋转推进器的水下机器人控制器软件平台设计与实现	侯　佳	李　硕		2010	硕士
54	水下机器人目标运动要素分析研究	陈华雷	李一平	刘开周	2010	硕士
55	基于VP的UUV视景平台设计与实现	董西荣	李一平		2010	硕士
56	深海微型ROV载体控制系统设计与实现	黄兴龙	李智刚		2010	硕士

续表

序号	学位论文题名	作者	第一导师	第二导师	答辩年度	学位
57	自治水下机器人应急单元设计	尹楠	刘健		2010	硕士
58	无人水面艇轻型光电稳定平台的研究与设计	尹远	郑荣		2010	硕士
59	基于CAN总线的ROV控制系统模块化设计	李治洋	郭威		2011	硕士
60	基于可旋转推进器的水下机器人运动控制研究	凌波	李硕		2011	硕士
61	基于VxWorks的UUV控制系统设计与实现	谭亮	李一平		2011	硕士
62	基于GPS的水面救助机器人导航方法研究与实现	马军海	李智刚		2011	硕士
63	基于探测型AUV的水流测量方法研究	吴立	刘健		2011	硕士
64	AUV环境建模及行为优化方法研究	程大军	刘开周		2011	硕士
65	双绞车收放系统恒张力控制技术研究	常晴晴	孙斌		2011	硕士
66	水下机器人参数化建模及优化方法研究	陈宗芳	郑荣		2011	硕士
67	ROV模拟训练器研究	葛新	郭威		2012	硕士
68	基于前视声纳的水下机器人目标自主跟踪研究	杨辉	李硕		2012	硕士
69	多水下机器人避碰规划研究	秦宇翔	李一平		2012	硕士
70	水下机械手电液控制系统设计与研究	李玲珑	孙斌		2012	硕士
71	水下柔性臂与控制研究	刘运亮	张奇峰		2012	硕士
72	基于单目视觉的水下机械手自主作业方法研究	霍良青	张竺英		2012	硕士
73	布缆船收放装置控制系统关键问题研究	徐亮	郭威		2013	硕士
74	海底观测网接驳盒供电监控系统研究与设计	于伟经	李智刚		2013	硕士
75	基于多信标的深水机器人导航与同时定位方法研究	王飞	刘健		2013	硕士
76	基于声学定位的HOV组合导航算法研究与实现	李静	刘开周		2013	硕士
77	小型自主水下机器人运动控制系统设计与实现	金洋	李硕		2014	硕士
78	面向实时避碰的无人水面机器人在线路径规划方法	冷静	刘健		2014	硕士

序号	学位论文题名	作者	第一导师	第二导师	答辩年度	学位
79	杂波环境下AUV纯方位目标跟踪方法研究	梅登峰	刘开周		2014	硕士
80	7功能水下液压机械手轨迹规划研究	曲风杰	张竺英		2014	硕士
81	水下机器人管线跟踪方法研究	葛利亚	李硕		2015	硕士
82	海底观测网分支单元的研究与设计	潘立雪	李智刚		2015	硕士
83	五功能水下电动机械手设计与控制研究	范云龙	张竺英	张奇峰	2015	硕士
84	AUV浮力调节系统及深度自适应控制研究	王雨	郑荣		2015	硕士
85	基于ARM的小型AUV控制系统设计与实现	王晓杰	李硕		2016	硕士
86	面向温跃层探测的小型AUV运动控制研究	孙龙飞	李一平		2016	硕士
87	基于信息融合的深海水下机器人组合导航方法研究	刘本	刘开周		2016	硕士
88	七功能水下机械手运动规划及控制研究	张钰	孙斌	张奇峰	2016	硕士
89	水下滑翔机低功耗控制系统研究	陈杰	俞建成		2016	硕士
90	基于感应电能传输的水下AUV非接触充电技术研究	王侃	袁学庆		2016	硕士
91	基于预报建模的水面机器人运动控制方法研究	于金波	胡志强		2017	硕士
92	基于多传感器信息融合的小型AUV组合导航系统研究与实现	史兴波	李硕		2017	硕士
93	AUV水下对接运动控制研究	赵熊	李一平		2017	硕士
94	多轮管道机器人驱动电机功率平衡方法研究	王桂雨	李智刚		2017	硕士
95	面向便携式AUV的水下主动捕捉式对接平台总体设计与实验研究	张医博	唐元贵		2017	硕士
96	全海深ARV控制器设计与推进器故障诊断研究	徐高朋	李硕		2018	硕士
97	水下力感知多指手设计及研究	刘辰辰	孙斌	张奇峰	2018	硕士
98	自主遥控水下机器人参数化设计与建模方法研究	要振江	唐元贵		2018	硕士
99	面向水下机器人耐压型电池管理系统设计研究	李晓鹏	袁学庆		2018	硕士
100	基于状态观测的AUV浮力调节方法和应用技术研究	孙庆刚	郑荣		2018	硕士

序号	学位论文题名	作者	第一导师	第二导师	答辩年度	学位
101	面向USV回收AUV的捕获式回收方法及机构研究	白桂强	谷海涛		2019	硕士
102	基于超短基线定位的AUV对接导航方法研究	裘天佑	李一平		2019	硕士
103	油浸式变压器内部检测机器人运动控制研究	赵小虎	李智刚		2019	硕士
104	AUV移动对接回收的路径规划方法研究	时常鸣	刘开周		2019	硕士
105	自主遥控水下机器人水下对接高精度视觉定位方法研究	王丙乾	唐元贵		2019	硕士
106	自主遥控水下机器人共享控制方法研究	王兴华	田 宇		2019	硕士
107	水下双臂协作运动规划方法研究	张秋成	张奇峰		2019	硕士
108	AUV入坞过程中组合导航问题的研究	魏奥博	郑 荣		2019	硕士
109	自治水下机器人回坞系统设计与控制方法研究	吕厚权	郑 荣		2019	硕士
110	面向USV与AUV一体化自主回收系统的水动力特性研究	唐东生	谷海涛		2020	专硕
111	面向海洋锋面跟踪的多AUV路径规划方法研究	曲向宇	李一平		2020	硕士
112	全海深载人潜水器组合导航算法研究	张志慧	李智刚		2020	专硕
113	USV与AUV一体化系统概念设计与回收原型系统验证	陈佳伦	林 扬		2020	硕士
114	面向深海资源探测的多AUV任务规划研究	赵旭浩	刘 健		2020	硕士
115	水下欠驱动机械手爪研究与设计	郭一典	孙 斌		2020	专硕
116	面向深海资源探测的多AUV编队控制研究	姜成林	徐会希		2020	专硕
117	水下被动目标跟踪中的数据关联与滤波方法研究	丁 一	张 瑶		2020	硕士
118	足翼混合驱动两栖仿生机器人浮游步态规划研究	崔雨晨	张竺英		2020	硕士

附表 2-2　博士毕业生和指导教师名录及毕业论文题目

序号	学位论文题名	作者	第一导师	第二导师	答辩年度	学位
1	复杂海洋环境下水下机器人控制问题研究	邢志伟	封锡盛		2003	博士
2	远程自主潜水器体系结构的应用研究	张禹	封锡盛		2004	博士
3	7000米载人潜水器动力定位系统研究	俞建成	张艾群	王晓辉	2006	博士
4	水下机器人多功能仿真平台及其鲁棒控制研究	刘开周	封锡盛	刘健	2006	博士
5	自治水下机器人-机械手系统运动规划与协调控制研究	张奇峰	张艾群		2007	博士
6	基于测距声信标的深水机器人导航定位技术研究	冀大雄	封锡盛	刘健	2008	博士
7	海军防救保障信息化体系结构研究与应用	赵浩泉	封锡盛		2008	博士
8	面向多目标搜索的多UUV协作机制及实现方法研究	许真珍	封锡盛	李一平	2008	博士
9	自主水下机器人实时避碰方法研究	徐红丽	封锡盛	张竺英	2008	博士
10	有缆水下机器人主动升沉补偿技术研究	杨文林	张艾群	张竺英	2009	博士
11	基于动态混合网格的AUV水下发射与对接数值仿真研究	吴利红	封锡盛		2009	博士
12	基于ROV援潜救生自主作业方法研究	李延富	封锡盛		2009	博士
13	轮桨腿一体两栖机器人优化设计与运动控制方法研究	唐元贵	张艾群	张竺英	2010	博士
14	基于单目视觉和运动传感器信息融合的水下机器人定位技术研究	李强	王晓辉		2010	博士
15	复杂海洋环境中水下机器人控制若干问题研究	吴宝举	王晓辉	李一平	2010	博士
16	自主水下机器人-机械手系统作业区域视觉定位技术研究	公丕亮	张艾群		2010	博士
17	基于自主计算思想的水下机器人体系结构研究	林昌龙	封锡盛	李一平	2010	博士
18	基于多水下机器人编队的化学羽流探测研究	康小东	封锡盛	李一平	2010	博士
19	面向北极海冰观测的自治/遥控混合式水下机器人研究	李硕	王越超		2011	博士
20	多学科设计优化方法在水下机器人设计中的应用	谷海涛	林扬		2011	博士

续表

序号	学位论文题名	作者	第一导师	第二导师	答辩年度	学位
21	水下滑翔机海洋采样方法研究	朱心科	王晓辉	俞建成	2011	博士
22	目标跟踪中的AUV航路规划问题研究	任申真	封锡盛	李一平	2011	博士
23	自主水下机器人动态目标跟踪关键技术研究	徐进宝	封锡盛		2011	博士
24	基于多模型优化切换的海洋机器人运动控制研究	周焕银	封锡盛	刘开周	2011	博士
25	自主水下机器人深海热液羽流追踪研究	田宇	张艾群		2012	博士
26	海洋机器人水动力数值计算方法及其应用研究	胡志强	林扬		2013	博士
27	水下滑翔机海洋特征观测控制策略研究	张少伟	张艾群	俞建成	2013	博士
28	深海ROV铠缆系统动态特性与半主动升沉补偿技术研究	全伟才	张艾群	张竺英	2014	博士
29	海底观测网能源供给方法及故障定位技术研究	冯迎宾	王晓辉		2014	博士
30	水下机动目标跟踪关键技术研究	李为	封锡盛	李一平	2015	博士
31	波浪驱动无人水面机器人关键技术研究	田宝强	张艾群		2015	博士
32	混合驱动水下滑翔机系统效率与运动建模问题研究	陈质二	张艾群		2016	博士
33	自主水下机器人被动目标跟踪及轨迹优化方法研究	王艳艳	封锡盛	刘开周	2016	博士
34	船用大功率液压绞车特性分析及控制研究	陈琦	李伟	王晓辉	2017	博士
35	水下机器人操作脑电控制技术研究	张进	李伟	俞建成	2017	博士
36	海流环境下水下滑翔机路径规划方法研究	周耀鉴	王晓辉		2017	博士
37	海底观测网数据传输系统构架设计、性能分析与故障定位方法研究	孙凯	王晓辉	李智刚	2017	博士
38	翼型水下滑翔机性能数值优化与运动特性问题研究	王振宇	张艾群		2018	博士
39	深渊着陆器技术及生物学应用研究	陈俊	张艾群		2018	博士

序号	学位论文题名	作者	第一导师	第二导师	答辩年度	学位
40	海洋中尺度涡观测中水下滑翔机控制策略研究	赵文涛	张艾群		2018	博士
41	全海深水下机器人建模与控制研究	刘鑫宇	封锡盛	李一平	2018	博士
42	AUV海洋动态特征自适应测绘方法研究	阎述学	封锡盛		2018	博士
43	小水线面高速无人艇参数化建模与空化特性研究	王　超	林　扬		2018	博士
44	强杂波环境水下多目标跟踪方法关键技术研究	李冬冬	林　扬		2018	博士
45	便携式自主水下机器人及其模型预测控制方法研究	曾俊宝	王晓辉		2018	博士
46	水下机器人水动力参数辨识及合成射流水下操纵机理研究	耿令波	林　扬		2019	博士
47	水下机器人故障诊断与试验测试方法研究	徐高飞	王晓辉	刘开周	2019	博士
48	面向海洋观测的水下机器人规划与控制方法研究	刘世杰	张艾群	俞建成	2019	博士
49	对抗环境下多水下机器人协同围捕方法研究	贾庆勇	封锡盛	徐红丽	2019	博士
50	群海洋机器人区域监视方法研究	李冠男	林　扬		2019	博士
51	水下特定目标的探测与位姿估计方法研究	刘　爽	林　扬		2019	博士
52	轻型长航程AUV关键技术及控制问题研究	黄　琰	俞建成		2020	博士
53	水下机器人海洋声场测绘方法研究	孙　洁	张艾群	俞建成	2020	博士
54	基于前视声纳的水下环境地图构建方法研究	蒋　敏	封锡盛	李一平	2020	博士
55	USV自主回收UUV动力学特性研究	孟令帅	林　扬		2020	博士

3 水下机器人学科指导教师名录

这里，按指导教师的批准年将博导和硕导情况整理如下。

附表 3-1 水下机器人学科指导教师名录

导师类别	姓名	性别	出生日期	博导聘任时间	硕导聘任时间	学历	学位
博导	蒋新松	男	1931-09	不详	不详	本科	一
	封锡盛	男	1941-12	1999	不详	本科	一
	张艾群	男	1959-02	2002	不详	本科	学士
	王晓辉	男	1968-01	2004	2002	研究生	硕士
	林 扬	男	1962-05	2005	2000	研究生	硕士
	俞建成	男	1976-10	2016	2007	研究生	博士
	郑 荣	男	1963-02	2017	2006	研究生	硕士
	李 硕	男	1970-09	2017	不详	研究生	博士
	刘开周	男	1976-03	2017	2007	研究生	博士
	张奇峰	男	1979-08	2018	2009	研究生	博士
	胡志强	男	1980-05	2018	2014	研究生	博士
	李一平	女	1963-03	2020	2003	研究生	硕士
硕导	王棣棠	男	1936-12	—	不详	本科	一
	张竺英	男	1964-09	—	1999	研究生	硕士
	刘 健	男	1962-11	—	不详	研究生	硕士
	李智刚	男	1970-08	—	2004	研究生	硕士
	孙 斌	男	1964-05	—	2008	研究生	硕士
	唐元贵	男	1980-12	—	2013	研究生	博士
	谷海涛	男	1981-11	—	2015	研究生	博士

导师类别	姓名	性别	出生日期	博导聘任时间	硕导聘任时间	学历	学位
硕导	田宇	男	1982-10	—	2015	研究生	博士
	徐会希	男	1975-12	—	2016	研究生	硕士
	刘铁军	男	1971-01	—	2017	研究生	硕士
	宋三明	男	1984-12	—	2017	研究生	博士
	张瑶	男	1984-10	—	2017	研究生	博士
	赵洋	男	1976-05	—	2018	本科	硕士
	祝普强	男	1979-03	—	2018	本科	学士
	衣瑞文	男	1980-06	—	2018	研究生	硕士
	李彬	男	1978-03	—	2019	研究生	硕士
	李德隆	男	1981-08	—	2019	研究生	硕士
	曾俊宝	男	1982-09	—	2019	研究生	博士
	李岩	男	1983-07	—	2019	研究生	博士
	陈质二	男	1984-09	—	2019	研究生	博士
	崔胜国	男	1978-07	—	2020	研究生	硕士
	孙凯	男	1979-10	—	2020	研究生	博士
	刘大勇	男	1980-07	—	2020	研究生	硕士
	朱兴华	男	1980-10	—	2020	研究生	硕士
	徐春晖	男	1982-05	—	2020	研究生	硕士
	黄琰	男	1984-02	—	2020	研究生	硕士
	王亚兴	男	1984-09	—	2020	研究生	博士
	王振宇	男	1986-04	—	2020	研究生	博士
	张进	男	1987-03	—	2020	研究生	博士
	王超	男	1987-12	—	2020	研究生	博士
	田启岩	男	1989-11	—	2020	研究生	博士

4　水下机器人主要获奖情况

40多年来，沈阳自动化所水下机器人领域共获得国家、中国科学院、各部委及地方奖励50余项。现按年份和沈阳自动化所单位排名前三，将国家、中国科学院（全部）以及部委和地方二等奖以上重要奖项的获奖情况，列表如下。

附表4-1　水下机器人主要获奖情况

序号	成果名称	主要完成人	获奖年度	获奖类别	获奖等级	产权排序（排名）
1	"海翼"水下滑翔机研究集体	俞建成、李硕、金文明、黄琰、罗业腾、王旭、谭智铎、王瑾、乔佳楠、王启家、陈质二、田宇、赵文涛、刘世杰、谢宗伯	2019	中国科学院	杰出科技成就奖	
2	基于多波束前视声纳的自主水下机器人三维实时避碰技术	徐红丽、高雷、徐春晖、王轶群、于闯、李宁、王子庆	2019	辽宁省技术发明奖	二等奖	第一名
3	复杂地形下深海资源自主勘查系统关键技术研究与应用	刘健、李波、赵宏宇、张金辉、徐会希、张国堙、曹金亮、潘子英、李向阳、李硕、许以军、章雪挺、吴涛、徐春晖、王晓飞、徐红丽、陶春辉、衣瑞文、王轶群、郑玉龙	2018	海洋工程科学技术奖	一等奖	第二名
4	"海翼"水下滑翔机关键技术与应用	俞建成、金文明、黄琰、李硕、罗业腾、谭智铎	2018	辽宁省技术发明奖	一等奖	第一名

续表

序号	成果名称	主要完成人	获奖年度	获奖类别	获奖等级	产权排序（排名）
5	蛟龙号载人潜水器研发与应用	徐芑南、刘峰、崔维成、胡震、朱敏、王晓辉、刘涛、吴崇建、李向阳、侯德永、叶聪、杨波、刘开周、余建勋、刘军、朱维庆、郭威、窦永林、杨有宁、张华、唐嘉陵、傅文韬、张新宇、冷建兴、范建国、杨灿军、张东升、祝普强、程斐、杨申申、刘烨瑶、崔胜国、周伟新、赵俊海、武岩波、赵洋、邱中梁、何春荣、刘树雍、何建平、丁忠军、顾继红、张文忠、汤国伟、王春生、唐立梅、沈允生、姜磊、赵赛玉、马利斌	2017	国家科学技术进步奖	一等奖	第三名
6	北极冰下自主遥控水下机器人研制与应用	李硕、李一平、李丙瑞、史久新、张艾群、曾俊宝、唐元贵、李涛、雷瑞波、李智刚	2016	国家海洋局海洋科学技术奖	一等奖	第一名
7	自主水下机器人	林扬、王越超、封锡盛	2014	工业和信息化部科技进步奖	一等奖	第一名
8	长航程自主水下机器人研究集体	林扬、王越超、封锡盛、郑荣、刘健、徐会希、于闯、梁保强、朱兴华、徐红丽、赵宏宇、冀大雄、谷海涛、刘大勇、贾松力、许以军、李德隆、张吉忠、胡志强	2014	中国科学院	杰出科技成就奖	
9	"蛟龙"号载人潜水器控制与声学系统研究集体	王晓辉、朱敏、郭威、杨波、刘开周、朱维庆、张艾群、张东升、祝普强、徐立军、赵洋、刘烨瑶、崔胜国、傅翔、武岩波、李彬、任福琳、刘晓东、于开洋、俞建成	2013	中国科学院	杰出科技成就奖	
10	水下××平台技术研究立项与关键技术研究	王越超	2008	中国人民解放军科技进步奖	二等奖	第一名

续表

序号	成果名称	主要完成人	获奖年度	获奖类别	获奖等级	产权排序（排名）
11	水下××平台关键与集成技术研究	王越超	2008	国家科学技术进步奖（专项）	二等奖	第一名
12	自走式海缆埋设机	张艾群、张竺英、王晓辉、林扬、刘子俊、曾达人、康守权、董秀春、张将、孙斌、高云龙	2004	辽宁省科学技术进步奖	一等奖	第一名
13	自走式海缆埋设机	张艾群、张竺英、王晓辉、林扬、刘子俊、曾达人、康守权、董秀春、张将、孙斌、高云龙、郭威、郑荣、李智刚、秦宝成、袁学庆、周宝德、于开洋、孔益、关玉林	2004	沈阳市科技进步奖	一等奖	第一名
14	水下机器人作业工具研制与开发	张竺英、赵浩泉、张将、袁俊舫、孙斌、刘金刚、王晓辉、刘志浩、关玉林	2002	辽宁省科学技术进步奖	二等奖	第一名
15	水下机器人作业工具研制与开发	张竺英、赵浩泉、张将、袁俊舫、孙斌、刘金刚、王晓辉、刘志浩、关玉林	2002	沈阳市科技进步奖	一等奖	第一名
16	YQ2L遥控潜器	康守权、张艾群、徐凤安、梁景鸿、张竺英、关玉林、张将、孙斌	1999	辽宁省科学技术进步奖	二等奖	第一名
17	无缆水下机器人的研究、开发和应用	蒋新松、封锡盛、徐芑南、朱维庆、徐凤安、王惠铮、王棣棠、黄根余、刘伯胜、张惠阳、康守权、潘峰、李硕、林扬、吴幼华	1998	国家科学技术进步奖	一等奖	第一名
18	"CR-01" 6000米自治水下机器人	蒋新松、徐芑南、徐凤安、朱维庆、封锡盛、王惠铮、王棣棠、黄根余、姚志良、张惠阳、梅家福、刘伯胜、李硕、潘峰、康守权、张向军、林扬、吴幼华	1997	中国科学院科技进步奖	特等奖	第一名

序号	成果名称	主要完成人	获奖年度	获奖类别	获奖等级	产权排序（排名）
19	HR-1-100 轻型无人遥控潜水器	牛德林、刘志浩、刘金刚、刘大路、燕奎臣、胡明泽、关玉林	1997	辽宁省科学技术进步奖	二等奖	第一名
20	YQ2型无人遥控潜器	张艾群、徐凤安、康守权、张仁存、郭占军、梁景鸿、张竺英、关玉林、张将	1997	中国科学院科技进步奖	二等奖	第一名
21	无缆水下机器人（"探索者"号自治水下机器人）	封锡盛、徐芑南、朱维庆、王棣棠、王惠铮、徐凤安、徐玉如、梅家福、李庆春、黄根余、刘伯胜、郭廷志、汪玉玲、康守权、梁景鸿	1995	中国科学院科技进步奖	一等奖	第一名
22	水下钕铁硼系列电机	刘子俊、朱晓明、王棣棠	1995	辽宁省科学技术进步奖	一等奖	第二名
23	"海蟹"号水下立足步行机器人	原培章、李小凡、胡炳德、赵明扬	1994	中国科学院自然科学奖	三等奖	第一名
24	"海潜一号"无人遥控潜水器	燕奎臣、李宝嵩、牛德林、裴庆家、张全我、梁景鸿、周纯祥、任淑燕、李俊鹏	1993	中国科学院科技进步奖	二等奖	第一名
25	RECON-Ⅳ-300-SIA-Ⅹ中型水下机器人产品开发	徐凤安、王棣棠、康守权、陈瑞云、张艾群、封锡盛、王小刚、梁景鸿、朱晓明	1992	国家科学技术进步奖	二等奖	第一名
26	水下智能导航实验系统	封锡盛、关玉林、郭廷志、陈瑞云、王棣棠、于开洋、李立、任淑燕、徐凤安	1992	中国科学院科技进步奖	二等奖	第一名
27	RECON-Ⅳ-SIA-Ⅹ中型水下机器人产品开发	徐凤安、王棣棠、康守权、陈瑞云、张艾群、封锡盛、王小刚、梁景鸿、朱晓明、苏励、牛德林、周纯祥、越曙晗、王汉儒、应惠筠	1991	中国科学院科技进步奖	一等奖	第一名

续表

序号	成果名称	主要完成人	获奖年度	获奖类别	获奖等级	产权排序（排名）
28	水下机器人高级语言的开发	宋国宁、刘述忠、张宇、张士杰、刘金德	1991	中国科学院科技进步奖	三等奖	第一名
29	RECON-Ⅳ-300-S1A-X中型水下机器人产品开发及六功能水下机械手	徐凤安、王棣棠、康守权、陈瑞云、张艾群、封锡盛、王小刚、梁景鸿、朱晓明、苏励、牛德林、周纯祥、越曙晗、王汉儒、应惠筠	1991	二委一部"七五"	重大成果	第一名
30	水下机器人专题情报服务	刘永宽、关佶、张海泉、罗学明、刘海波	1990	中国科学院科技进步奖	二等奖	第一名
31	"金鱼Ⅱ号"水下机器人	霍华、周纯祥、封锡盛、白晓波、许静波、姚辰、于开洋、朱晓明、刘晓延、尹书勤	1989	辽宁省科学技术进步奖	二等奖	第一名
32	HR-01试验样机	蒋新松、谈大龙、梅家福、封锡盛、王棣棠、顾云冠、朱桂海、曹智裕、冯仲良	1989	中国科学院科技进步奖	二等奖	第一名

5　水下机器人专家学术谱系总图

　　学术谱系总图根据师承中的师生关系构建，未带过研究生的专家没有在谱系中体现（如徐凤安），图谱编制采用"左右按代际、上下按先后"的总原则。主要基于沈阳自动化所图书馆馆藏学位论文、综合档案室归档文件、人事教育处等提供的相关材料，结合万方、CNKI等开源数据库，以及从事水下机器人领域科研和管理人员提供的相关信息综合整理，因信息采集不一定完整，挂一漏万的情况在所难免，希望有机会修订时进一步完善。以沈阳自动化所培养的从事水下机器人方向的博士、硕士指导教师以及研究生为主，具体收录原则按以下几点。

　　（1）截至2020年已被聘为水下机器人方向的正高级岗位的科研人员，按开始学习或从事水下机器人学科工作的时间先后，从左至右排序。

　　（2）截至2020年已毕业，在读期间从事水下机器人研究的博士和硕士研究生，按照获得相应学位的时间先后从左至右排序。

　　（3）在研究生培养过程中，同时还有许多专家担任第二导师（副导师），为使整个图谱更加清晰，第二导师未在总图中加以体现。

　　（4）此外，对在沈阳自动化所学习期间不属于该方向且毕业后未留所工作的研究生，以及作为导师培养的研究生在2名以内的，未予收录。

　　（5）蒋新松的研究生中，非水下机器人方向的学生只在个人谱系中体现，未纳入本谱系。

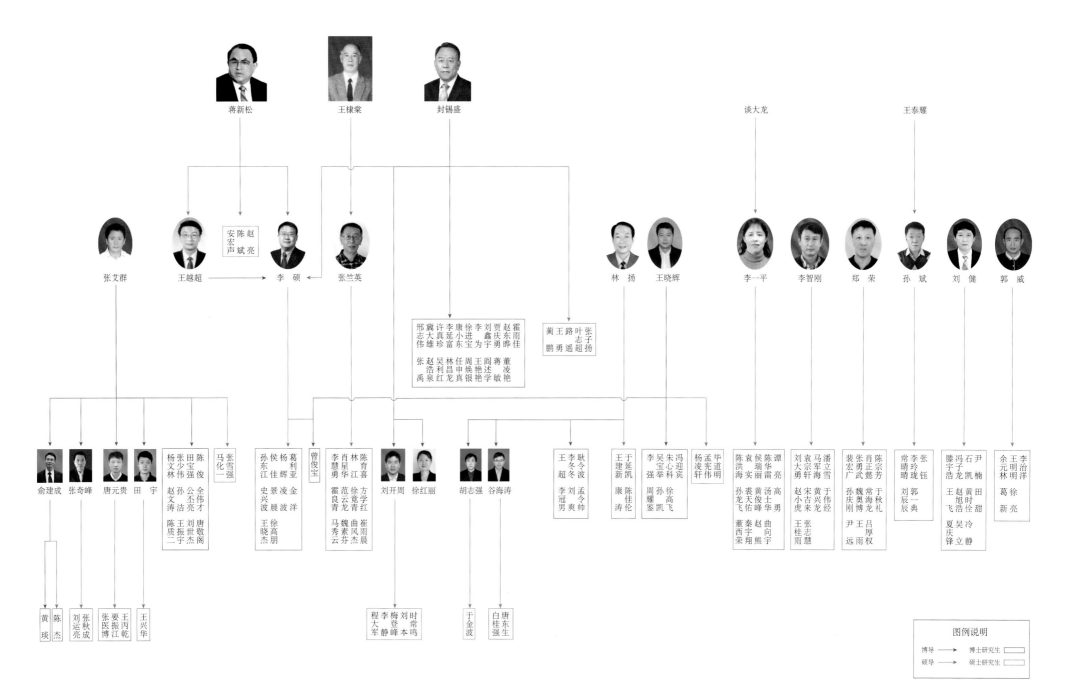

附图 5-1　沈阳自动化所水下机器人专家学术谱系

编后记

AFTERWORD

　　本书缘起于2020年中国科协学风建设计划"中国水下机器人技术学风传承及人才队伍研究"项目。最初冠以"中国"二字，是想全面反映我国水下机器人（含海洋机器人）研究队伍的历史发展和学术传承，后因条件所限，涉及内容仅局限在沈阳自动化所水下机器人研究群体——我们称为"海人"——的范围之内，而且即使沈阳自动化所的情况也未必都得以充分展现，挂一漏万恐怕在所难免。希望将来能够有机会与国内从事水下机器人研究的各兄弟单位通力合作，将中国水下机器人学科的历史与传承全面呈现在广大读者面前。

　　我们邀请沈阳自动化所研究员封锡盛院士担任了本书的历史顾问，梁波负责编撰第1章以及第2.3、第3.1、第4.1、第4.2、第4.5、第5.1、第6.1节等，李硕撰写第5章和第6.5节部分内容，赵宏宇负责编撰第2.1、第2.2、第3.2、第3.3、第4.3节和附录部分内容，王楠负责编撰第4.4节和附录部分内容以及全部图谱，博士研究生汪海林在资料搜集和整理过程中做了许多工作。特邀李智刚（第5.2节）、俞建成（第5.3节）、唐元贵（第5.4节）、纪慎之（第6.2节）、康守权（第6.3节）、王晓辉（第6.4节）、刘开周（第6.4节）、曾俊宝（第6.5节）等同志撰写了其中的相关内容。初稿完成后，邀请封锡盛、纪慎之、刘海波、张艾群、李一平、林扬、王晓辉、李智刚、俞建成和张涤等同志审读了全书，根据大家提出的意见和建议做了进一步补充、修改。最后由两位主编统稿。

在座谈调研、查阅资料、编撰和写作过程中，邀请谈大龙、朱桂海、梁景鸿等8位老同志召开了座谈会，对张艾群、张竺英、林扬、李一平等多位水下机器人专家进行了个别访谈，沈阳自动化所3个水下机器人相关研究室和专项部副高级以上科研人员回答了"调查问卷"并提供了个人相关材料，为本书最终得以完成提供了支持。沈阳自动化所综合档案室黄娜、佟鑫，人事教育处孔庆辉，科技处苏琳为我们查找并提供了各种科研、人物档案资料。因有些老专家或已辞世，或身体欠安，或身居国外，编著者对有些情况的了解和把握不尽完善，留下诸多遗憾。尽管如此，我们对上述所有为此书提供材料、咨询建议和文献支持的专家学者，表示衷心的感谢！

因时间、资料等条件限制，书中疏漏之处在所难免，敬请广大读者批评指正。

梁 波 李 硕

2021年4月27日